나의 소개서를 작성해 보세요!

KB214060

이름:

생일: 20 년 월 일(양/음) 나이 살

학교: 초등학교 학년 반 번

좌우명:

롤모델:

나의 꿈:

소중한 사람들:

자주쓰는 말 :

버릇:

취미:

제일 잘 하는 것:

제일 좋아하는 것:

제일 싫어하는 것:

HAPPY

꿈을 향한 나의목표

나는 (하)고 한

(이)가 될거예요!

공부의 목표

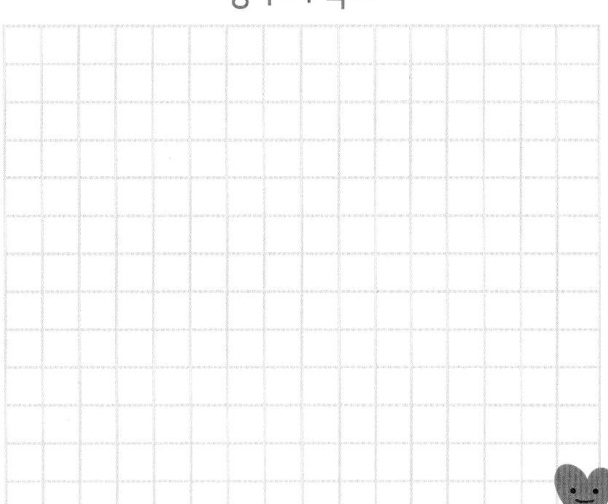

예체능의 목표

생활의 목표

건강의 목표

나의 목표를 꼼꼼히 세우고, 목표를 달성하기위해 노력해요^^

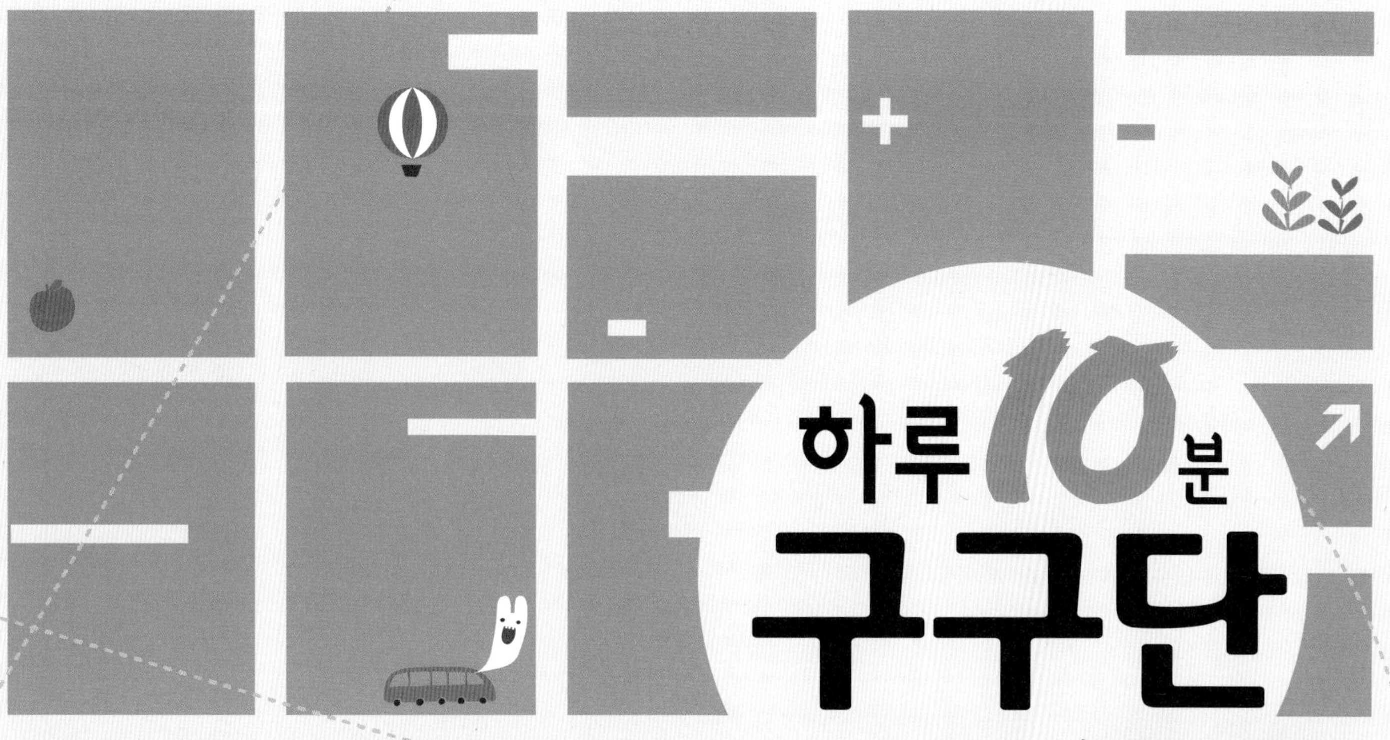

하루10분 학습법 시리즈의 소개

공부하는 습관이 생기는 하루10분 구구단으로 수학에 흥미를 느끼세요 !!!
아무리 좋은 교육을 받아도 스스로 학습하지 않으면 발전할 수 없습니다.
부담없는 "아침5분" 시리즈와 기본을 익히는 "하루10분" 시리즈로
스스로 공부하는 습관을 만들어 보세요 !!!

하루10분 학습법 시리즈의 활용

1. 아침 학교 가기 전 집에서 하루를 준비하세요.
2. 등교 후 1교시 수업 전 학교에서 풀고, 수업 준비를 완료하세요.
3. 하교 후 정한 시간에 책상에 앉고 이 교재를 학습하세요 !!!

하루10분 구구단은 초등수학의 첫 공식인 구구단을
원리를 이해하고 충분히 연습할 수 있게 구성하여, 공부하는 방법을 같이 익힙니다.
학생의 성향에 따라 하루의 양을 조절해 연습하고,
평생 쓸 구구단 ! 확실히 배우도록 합니다 !!!
이제 시작해볼까요 !!!

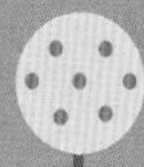

이 책의 차례

제1장

같은 수 더하는 방법

곱셈의 원리를 이해해요!

"사탕 4개씩 5명에게 나눠주려면 사탕은 모두 몇 개가 필요할까요?"를 풀려면 4를 5번 더해야 합니다.
이렇게 같은 수를 여러 번 더하는 방법에는 어떤 것이 있을까요?

1. 그림으로 구하기

2. 묶어세기로 구하기

3. 뛰어세기로 구하기

4. 덧셈으로 구하기

5. 곱셈으로 구하기

여러가지 방법으로 값을 구해보고,
왜 곱셈을 사용하고, 곱셈구구를 익혀야 하는지 이해해 봅니다!

원리

소리내 읽기 묶음을 이루는 그림을 그리고, 모두 세어 보아요 !

소리내 풀기 묶음을 이루는 그림을 그려 값을 구하세요 !

① 5를 3번 더하기 ➡ 값 :

② 3을 4번 더하기 ➡ 값 :

③ 6을 5번 더하기 ➡ 값 :

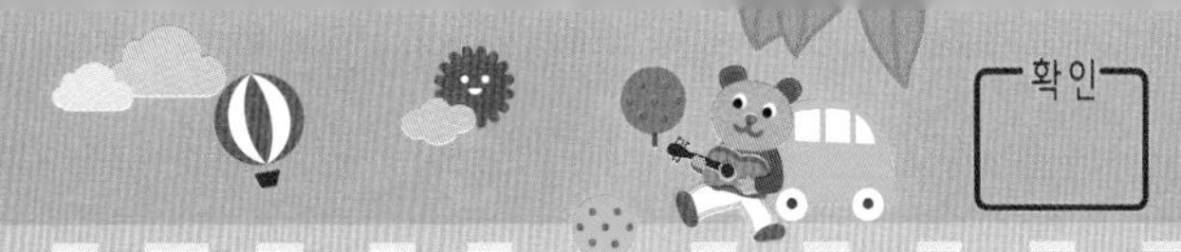

소리내 읽기 같은 수 만큼 묶어세기하여 값을 구해요 !

4를 3번 더하기 ➡ 4개씩 3묶음의 값 구하기

1	2	3	4	5	6	7	8	9	10
11	12	13	14	15	16	17	18	19	20

값 : 12

표시 방법)
숫자판에 4개씩 이어서 묶으면,
3번째 묶음 마지막 수가 값이 됩니다.

문제 예시)
하루에 4권씩 3일 동안 동화책을
읽으면, 모두 몇 권을 읽게 될까요?

소리내 풀기 묶어세기하여 값을 구하세요 !

① **5를 3번 더하기 ➡ 5개씩 ☐ 묶음의 값 구하기**

1	2	3	4	5	6	7	8	9	10
11	12	13	14	15	16	17	18	19	20

값 : ☐

② **3을 4번 더하기 ➡ ☐ 개씩 4묶음의 값 구하기**

1	2	3	4	5	6	7	8	9	10
11	12	13	14	15	16	17	18	19	20

값 : ☐

③ **6을 5번 더하기 ➡ ☐ 개씩 ☐ 묶음의 값 구하기**

1	2	3	4	5	6	7	8	9	10
11	12	13	14	15	16	17	18	19	20
21	22	23	24	25	26	27	28	29	30

값 : ☐

같은 수 만큼 뛰어세기하여 값을 구해요!

3을 4번 더하기 ➡ 3씩 4번 뛰어세기

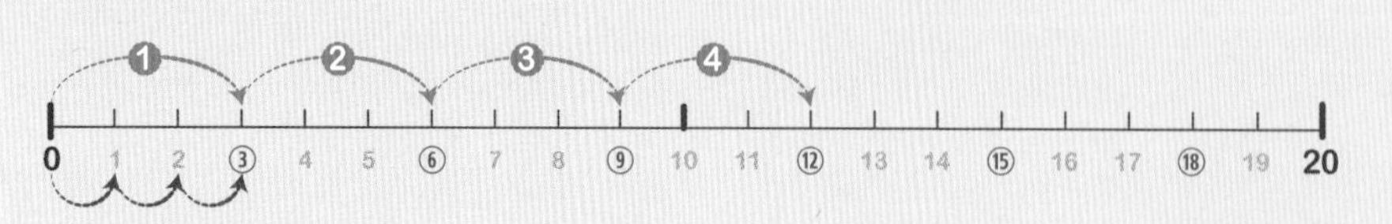

값 : 12

표시 방법)
수평선의 밑부분에 3칸씩 뛰어세기하여 표시합니다. 표시한 값을 4번 뛰어세기 합니다.

문제 예시)
빵을 3개씩 4봉지에 담으려면, 빵은 몇 개가 있어야 할까요?

뛰어세기하여 값을 구하세요!

① 6을 3번 더하기 ➡ 6씩 ☐ 번 뛰어세기

0 1 2 3 4 5 ⑥ 7 8 9 10 11 ⑫ 13 14 15 16 17 ⑱ 19 20

값 : ☐

② 2를 7번 더하기 ➡ ☐ 씩 ☐ 번 뛰어세기

0 1 2 3 4 5 6 7 8 9 10 11 12 13 14 15 16 17 18 19 20

값 : ☐

③ 9를 4번 더하기 ➡ ☐ 씩 ☐ 번 뛰어세기

0 1 2 3 4 5 6 7 8 9 10 11 12 13 14 15 16 17 18 19 20 21 22 23 24 25 26 27 28 29 30 31 32 33 34 35 36 37 38 39 40

값 : ☐

덧셈을 이용해서 식을 만들고, 모두 더해서 값을 구해요 !

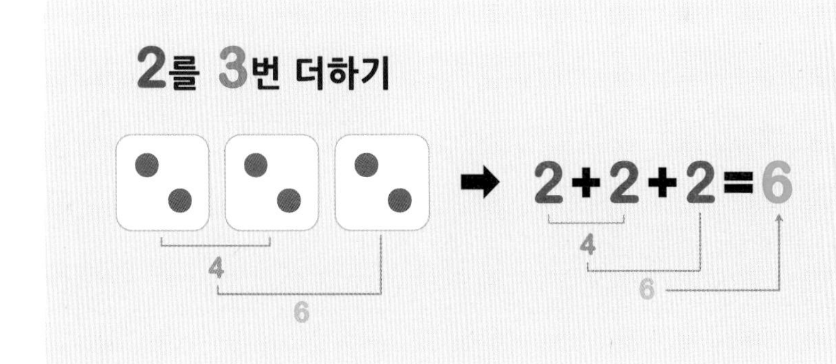

값 : 6

문제 예시)

사탕 2개씩 3명에게 나눠 가지려면, 사탕은 몇 개가 있어야 할까요?

감기약을 하루에 2번, 3일동안 먹어야 합니다. 약은 모두 몇 번 먹어야 할까요?

원리

앞에서 하나하나 모두 더하는 덧셈을 이용하여 값을 구하세요 !

① 5를 3번 더하기 ➡ 5+5+5=

+ 5

② 4를 4번 더하기 ➡ 4+4+4+4=

+ 4

+ 4

③ 8을 5번 더하기 ➡ 8+8+8+8+8=

+ 8

+ 8

+ 8

소리내 읽기 같은 수 더하기를 곱셈(✖ 곱하기)을 이용하여 간편하게 나타낼 수 있어요!

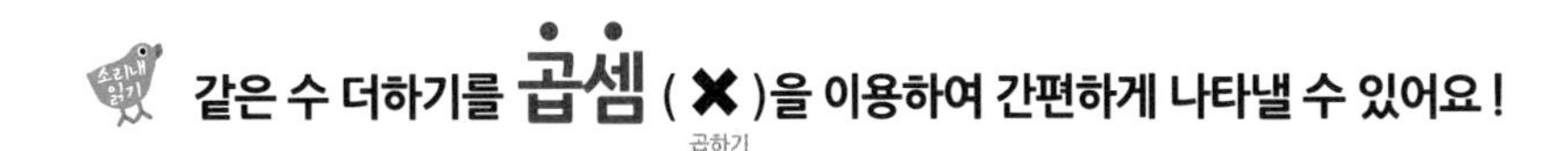

2를 3번 더하기 ➡ 2+2+2를 (2를 3번 더하기)

곱셈으로 ➡ 2✖3으로 나타냅니다. (곱하기)

소리내 풀기 곱셈식으로 바꾸세요!

① 4를 3번 더하기

- 덧셈식 : 4+4+4
- 곱셈식 : ☐ ✖ ☐ (곱하기)

② 5를 2번 더하기

- 덧셈식 : 5+5
- 곱셈식 : ☐ ✖ ☐

③ 9를 5번 더하기

- 덧셈식 : 9+9+9+9+9
- 곱셈식 : ☐ ✖ ☐

④ 3을 7번 더하기

- 덧셈식 : 3+3+3+3+3+3+3 (3이 7개)
- 곱셈식 : ☐ ✖ ☐

⑤ 8을 6번 더하기

- 덧셈식 : 8+8+8+8+8+8 (8이 6개)
- 곱셈식 : ☐ ✖ ☐

덧셈을 ✚(더하기)로 표시하듯
곱셈은 ✖(곱하기)를 사용하여 나타냅니다.

■+■+■... (■이 ▲개) = ■(더하는 수) ✖(곱하기) ▲(더하는 횟수)

확인

소리내 풀기 문제를 보고 **덧셈**식과 **곱셈**식을 만들어 보세요 !

① **7**를 **4**번 더하면 **28**입니다.

= 덧셈식 : 7 + 7 + 7 + 7 = 28

덧셈식의 값과 곱셈식의 값은 같습니다.

곱셈식 : ☐ × ☐ = ☐

② **9**를 **3**번 더하면 **27**입니다.

= 덧셈식 : ☐ + ☐ + ☐ = ☐

곱셈식 : 9 × 3 = 27

③ **2**를 **5**번 더하면 **10**입니다.

= 덧셈식 :

곱셈식 :

④ **4**를 **6**번 더하면 **24**입니다.

= 덧셈식 :

곱셈식 :

⑤ **3** 곱하기 **4**는 **12**입니다.

= 곱셈식 : 3 × 4 = 12

곱셈식의 값과 덧셈식의 값은 같습니다.

덧셈식 : ☐ + ☐ + ☐ + ☐ = ☐

⑥ **6** 곱하기 **5**는 **30**입니다.

= 곱셈식 : ☐ × ☐ = ☐

덧셈식 : 6 + 6 + 6 + 6 + 6 = 30

⑦ **5** 곱하기 **6**은 **30**입니다.

= 곱셈식 :

덧셈식 :

⑧ **8** 곱하기 **2**는 **16**입니다.

= 곱셈식 :

덧셈식 :

같은 수 더하기 (연습2)

원리

소리내 풀기 문제를 보고 값을 구하세요 !

문제) 빵이 한 봉지에 6개씩 들어 있어요. 3봉지에 들어 있는 빵은 모두 몇 개 일까요?

① **그림**을 그려 값 구하기

값 :

그림을 그려 구하려면
그리기도 힘들고, 한 개씩 빠트리고 헤아릴 수 있어요 !
귀찮고, 시간도 많이 걸려요 !

② **묶어세기**를 이용하여 값 구하기

1	2	3	4	5	6	7	8	9	10
11	12	13	14	15	16	17	18	19	20

값 :

묶어세기로 값을 구하려면
숫자판을 준비해야 하고, 7 × 8, 9 × 9와 같은
큰 수를 계산하기 힘 들어요 !

③ **뛰어세기**를 이용하여 값 구하기

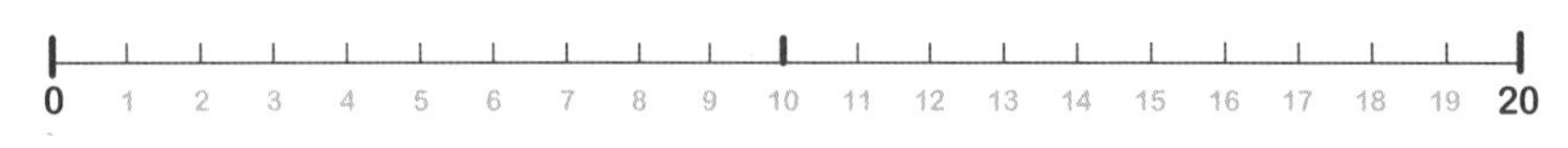

뛰어세기로 값을 구하려면
값이 큰 곱셈은 수직선을 정말 길게 그려야 해요 ㅠㅠ

값 :

④ **덧셈**식을 이용하여 값 구하기

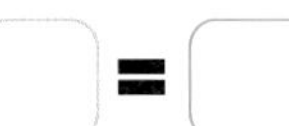

□ + □ + □ = □

덧셈으로 값을 구하려면
계산이 복잡하고, 중간에 틀리기 쉬워요 ㅠㅠ

⑤ **곱셈**식을 이용하여 값 구하기

□ × □ = □

※ 이렇게 헷갈리는 같은 수 더하기를
곱셈구구를 외움으로써 **1**초 만에 알 수 있어요 !

수학은 수를 이해하고, 식을 만들어 간단히 해결하는 방법을 공부하는 과목이에요.
곱셈구구는 한글의 ㄱ, ㄴ, ㄷ,... 영어의 A,B,C...와 같이 기본적으로 외워야 하는 부분이에요 !
이제 곱셈구구의 원리를 이해하였으니, 본격적으로 외워 봅니다 !

제2장

곱셈구구 2단 ~ 4단을 익혀요 !

원리를 이해하였으니, 이제 외워볼까요 !

곱셈구구 2단이란 ?

"2부터 시작해서 2씩 계속 더하면 나오는 수"

⚁ + ⚁ + ⚁ + ⚁ + ⚁ + ⚁ + ⚁ + ⚁ + ⚁

곱셈구구 3단이란 ?

"3부터 시작해서 3씩 계속 더하면 나오는 수"

⚂ + ⚂ + ⚂ + ⚂ + ⚂ + ⚂ + ⚂ + ⚂ + ⚂

곱셈구구 4단이란 ?

"4부터 시작해서 4씩 계속 더하면 나오는 수"

⚃ + ⚃ + ⚃ + ⚃ + ⚃ + ⚃ + ⚃ + ⚃ + ⚃

2부터 시작해서 2씩 더해 가며 동그라미(○)로 표시해 보세요 !

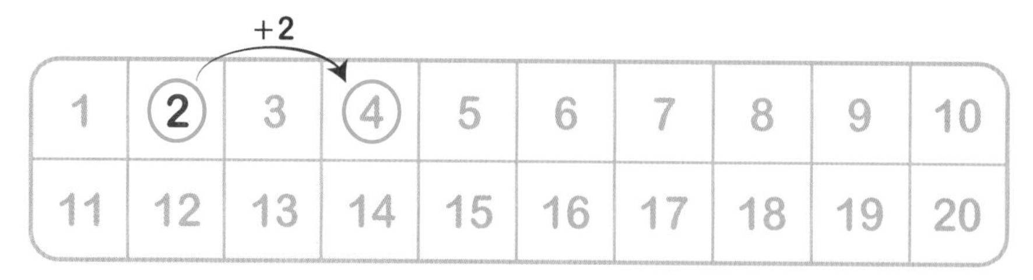

1	②	3	④	5	6	7	8	9	10
11	12	13	14	15	16	17	18	19	20

2씩 ■번 뛰어세기해서 동그라미(○)로 표시하고, 값을 적으세요 !

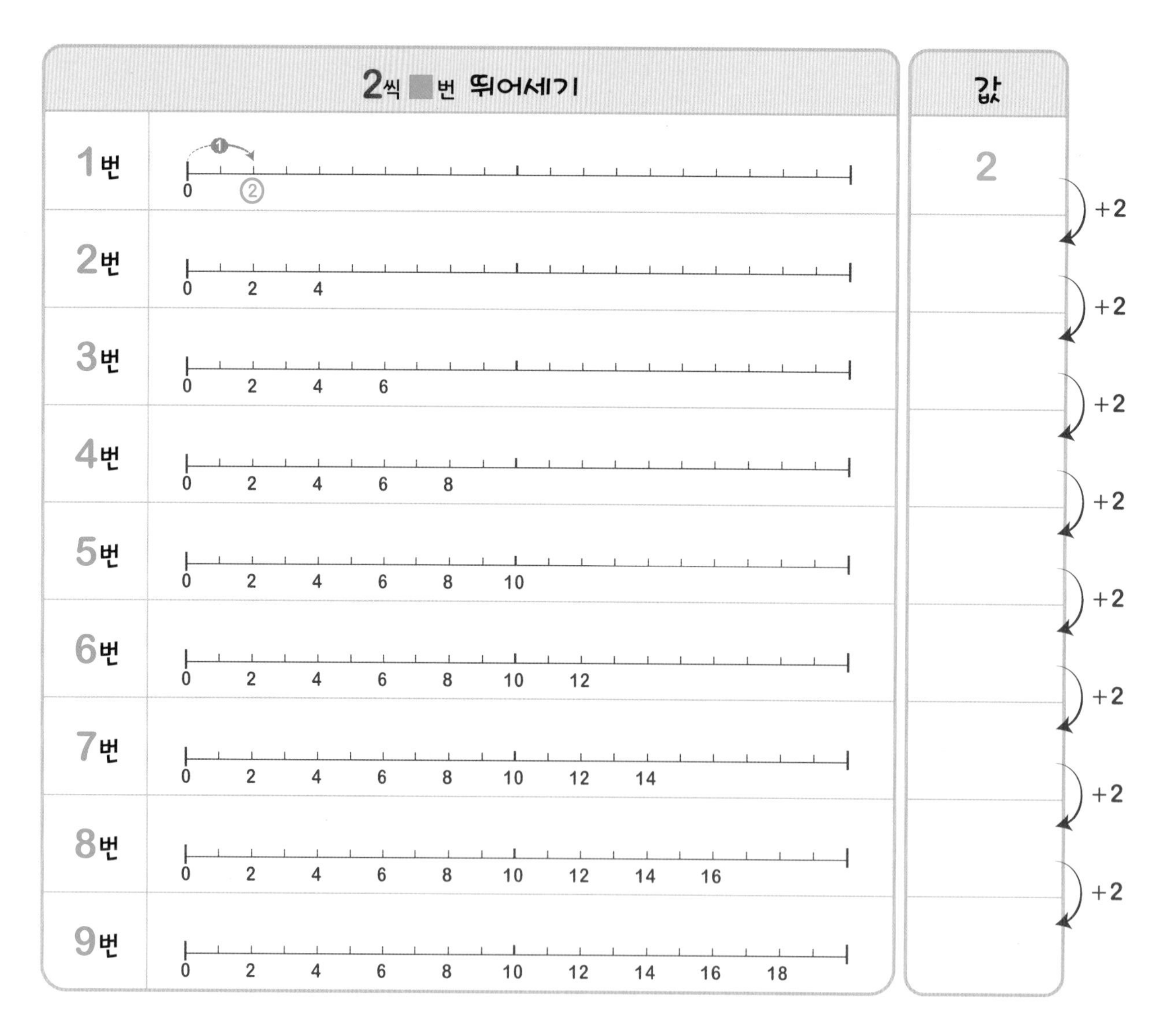

	2씩 ■번 뛰어세기	값
1번	0 ②	2
2번	0 2 4	
3번	0 2 4 6	
4번	0 2 4 6 8	
5번	0 2 4 6 8 10	
6번	0 2 4 6 8 10 12	
7번	0 2 4 6 8 10 12 14	
8번	0 2 4 6 8 10 12 14 16	
9번	0 2 4 6 8 10 12 14 16 18	

+2 +2 +2 +2 +2 +2 +2 +2

확인

2부터 시작해서 2씩 커지는 수를 적어 보세요 !

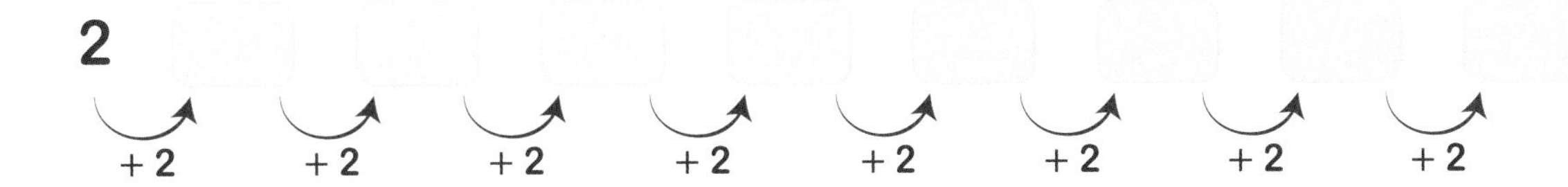

2단

2씩 커지는 곱셈구구 2단 ! 덧셈식을 곱셈식으로 나타내세요 !

2씩 커지는 덧셈식	곱셈식으로 나타내기
2	2 × 1 = 2 (더하는 수, 더하는 횟수)
2 + 2 =	2 × ☐ =
2 + 2 + 2 =	2 × ☐ =
2 + 2 + 2 + 2 =	2 × ☐ =
2 + 2 + 2 + 2 + 2 =	2 × ☐ =
2 + 2 + 2 + 2 + 2 + 2 =	2 × ☐ =
2 + 2 + 2 + 2 + 2 + 2 + 2 =	2 × ☐ =
2 + 2 + 2 + 2 + 2 + 2 + 2 + 2 =	2 × ☐ =
2 + 2 + 2 + 2 + 2 + 2 + 2 + 2 + 2 =	2 × ☐ =

+2 +2 +2 +2 +2 +2 +2 +2

월 일
시

곱셈구구 2단을 완성하고, 5번 읽어 보세요 !

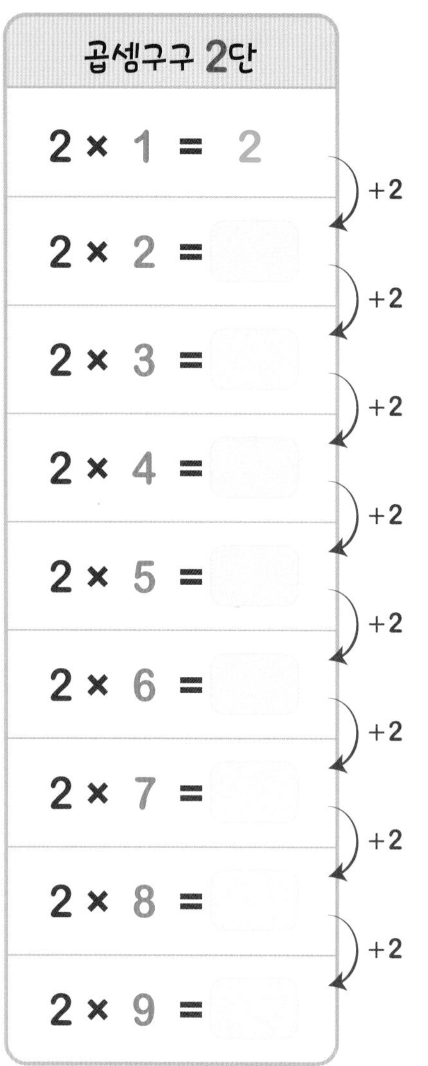

곱셈구구 2단
2 × 1 = 2
2 × 2 =
2 × 3 =
2 × 4 =
2 × 5 =
2 × 6 =
2 × 7 =
2 × 8 =
2 × 9 =

읽기
이 일 은 이
이 이 는 사
이 삼 은 육
이 사 팔
이 오 십
이 육 십이
이 칠 십사
이 팔 십육
이 구 십팔

1번 읽을때마다 하나씩 지우세요 !

쓰기
2 × 1 = 2
2 × =
× =
× =
× =
× =
× =
× =
× =

거꾸로 3번 읽어보세요 !

곱셈구구 2단의 특징 !

❶ 수가 커질때마다 2씩 커집니다.

❷ 2의 배수이므로 값이 모두 짝수 입니다. ※ 2의 배수가 아닌 수를 홀수라 합니다.

곱셈구구 2단을 소리내 외우며 아래 문제를 풀어 보세요 !

① 2 × 1　2 × 2　2 × 3　2 × 4　2 × 5　2 × 6　2 × 7　2 × 8　2 × 9

2

② 2 × 1　2 × 2　2 × 3　2 × 4　2 × 5　2 × 6　2 × 7　2 × 8　2 × 9

2 → +2 → +2 → +2 → +2 → +2 → +2 → +2 → +2

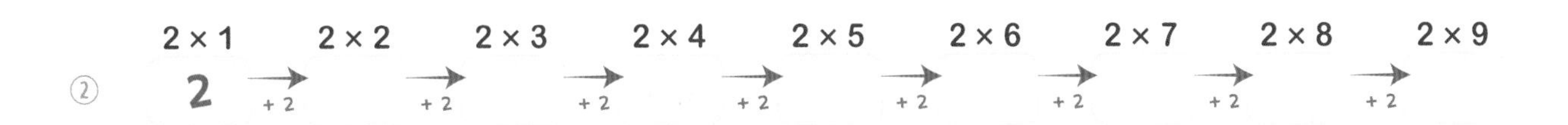

③ 2 × 9　2 × 8　2 × 7　2 × 6　2 × 5　2 × 4　2 × 3　2 × 2　2 × 1

18

− 2　− 2　− 2　− 2　− 2　− 2　− 2　− 2

④

×	1 (더하는 횟수)	2	3	4	5	6	7	8	9
2 (더하는 수)	2				10				

2×1=　2×2=

⑤ 곱셈구구 2단을 외우며 해당하는 숫자에 ○ 표 하세요 !

1	②	3	④	5	6	7	8	9	10
11	12	13	14	15	16	17	18	19	20

1초만에 생각나지 않았다면
2번 더 외우세요 !

곱셈구구 2단의 연습(1)

소리내 풀기 아래 곱셈의 값을 구하세요 !

① 2 × 1 =

② 2 × 3 =

③ 2 × 7 =

④ 2 × 8 =

⑤ 2 × 4 =

⑥ 2 × 9 =

⑦ 2 × 5 =

⑧ 2 × 6 =

⑨ 2 × 2 =

⑩ 2 × 4 =

⑪ 2 × 9 =

⑫ 2 × 2 =

⑬ 2 × 6 =

⑭ 2 × 1 =

⑮ 2 × 3 =

⑯ 2 × 8 =

⑰ 2 × 7 =

⑱ 2 × 5 =

곱셈구구 2단을 생각하며 아래 문제를 풀어 보세요 !

① 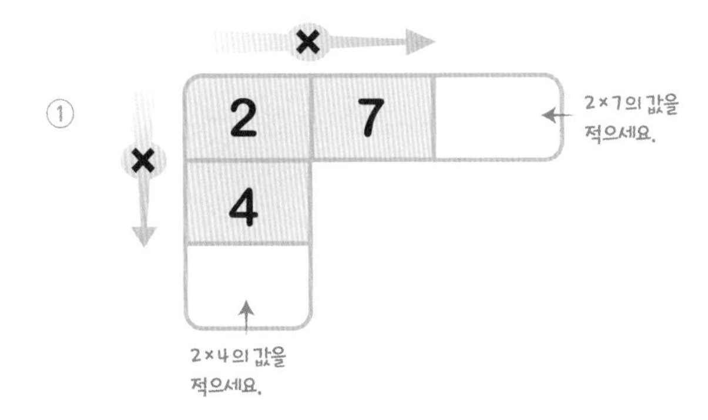

② 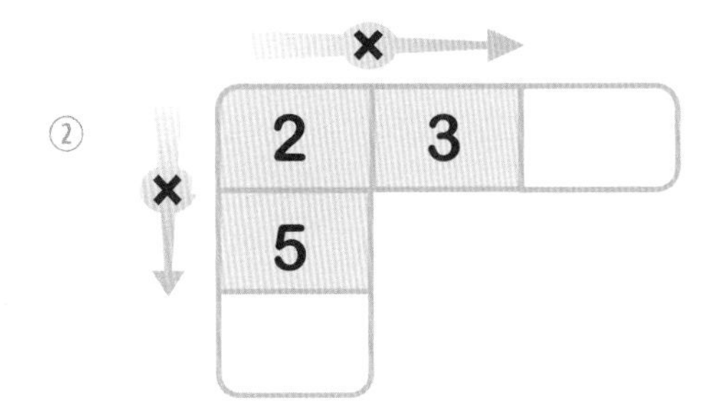

③ 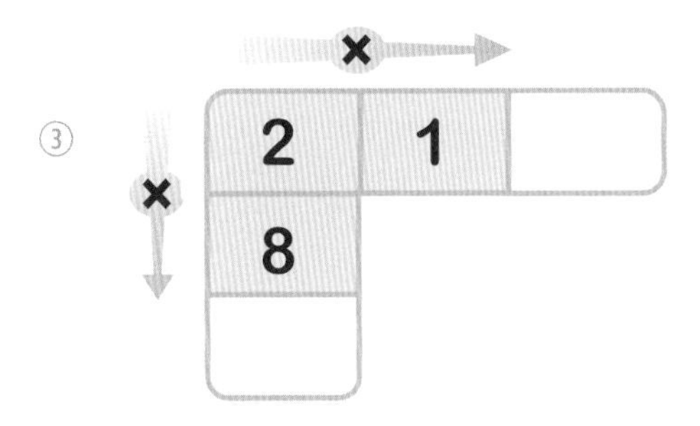

④ 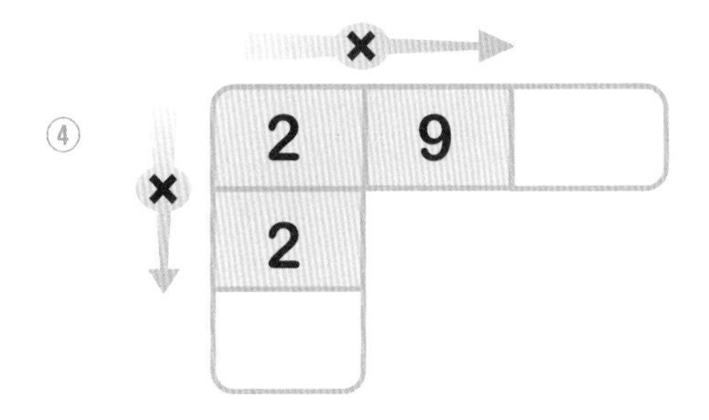

⑤ 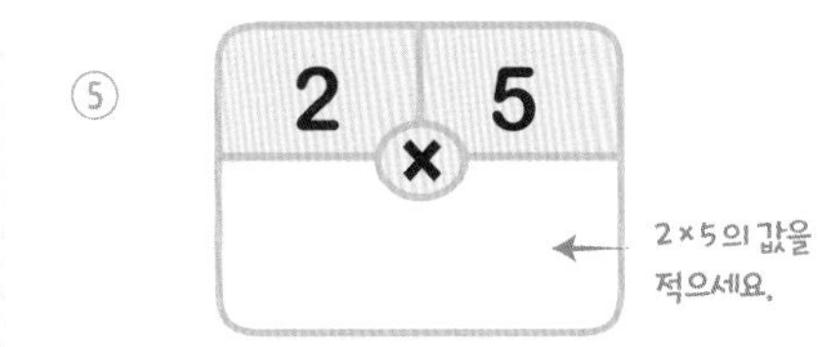

⑥ 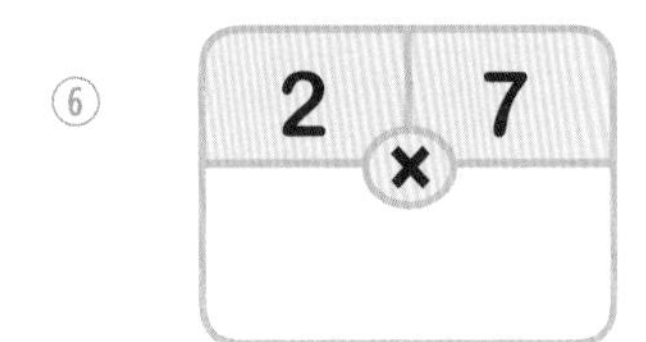

⑦ 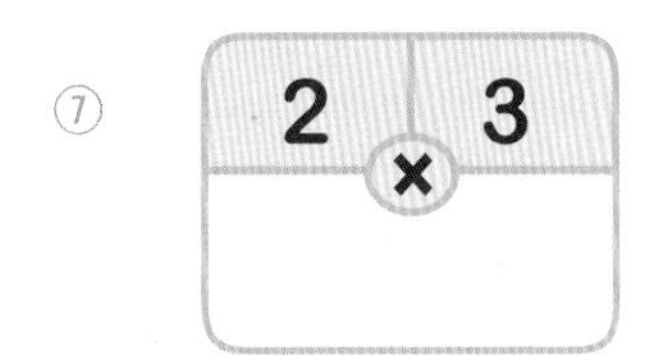

⑧ 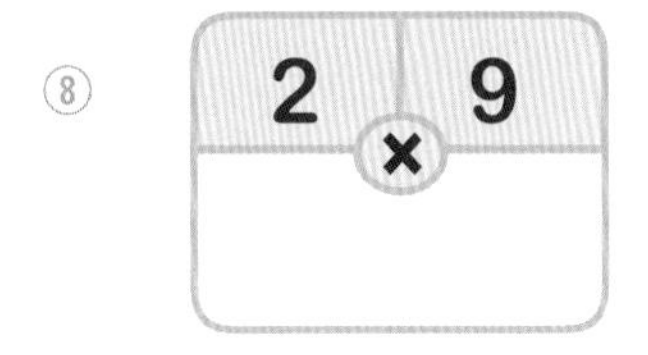

⑨ 

⑩ 2 × 8

곱셈구구 2단의 연습(2)

월 일
시

아래 곱셈구구 2단의 값을 옆에 적으세요 !

① $2 \times 3 =$

② $2 \times 8 =$

③ $2 \times 1 =$

④ $2 \times 7 =$

⑤ $2 \times 6 =$

⑥ $2 \times 2 =$

⑦ $2 \times 5 =$

⑧ $2 \times 9 =$

⑨ $2 \times 4 =$

⑩ $2 \times 1 =$

⑪ $2 \times 7 =$

⑫ $2 \times 5 =$

⑬ $2 \times 4 =$

⑭ $2 \times 3 =$

⑮ $2 \times 8 =$

⑯ $2 \times 9 =$

⑰ $2 \times 2 =$

⑱ $2 \times 6 =$

⑲ $2 \times 5 =$

⑳ $2 \times 2 =$

㉑ $2 \times 8 =$

㉒ $2 \times 1 =$

㉓ $2 \times 9 =$

㉔ $2 \times 7 =$

㉕ $2 \times 6 =$

㉖ $2 \times 4 =$

㉗ $2 \times 3 =$

곱셈구구 2단을 생각하며, 아래 문제를 풀어보세요 !

① 2명씩 줄을 서서 6줄이 모였다면, 모인 사람은 모두 몇 명일까요 ?

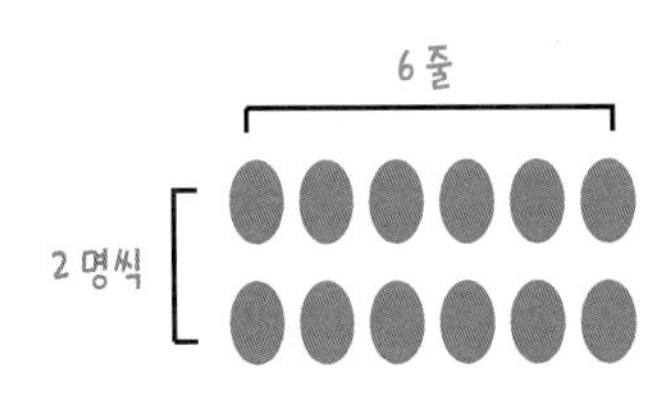

식) 2 × 6 =
1줄당 사람수 / 줄 수

답) 명

② 바퀴가 2개인 자전거가 9대 있으면, 자전거의 바퀴는 모두 몇 개 일까요 ?

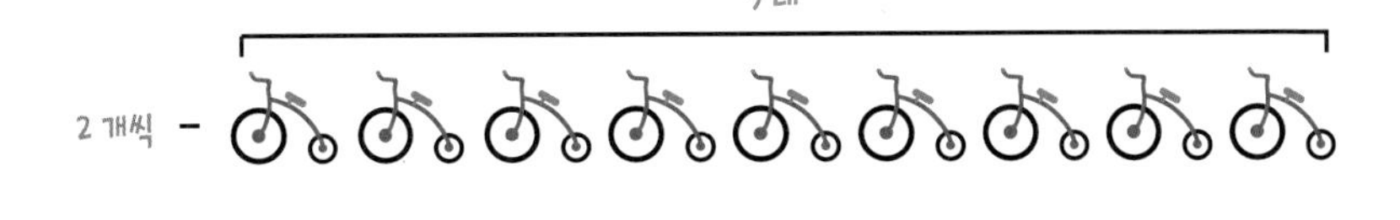

식) 2 × 9 =
1대당 바퀴수 / 자전거 수

답) 개

③ 신발 1켤레는 신발 2개 입니다. 5켤레는 신발 몇 개 일까요?

식) 2 × =
1켤레의 신발 수 / 켤레 수

답) 개

곱셈구구 2단을 정성들여 적고, 마무리 합니다 !

쓰기
2 × 1 = 2
2 × =
× =
× =
× =
× =
× =
× =
× =

이것으로 곱셈구구 2단을 완전히 익혔습니다.

이제 3단으로 넘어 갑니다 !

2단

곱셈구구 3단의 원리

소리내 풀기 3부터 시작해서 3씩 더해 가며 동그라미(○)로 표시해 보세요 !

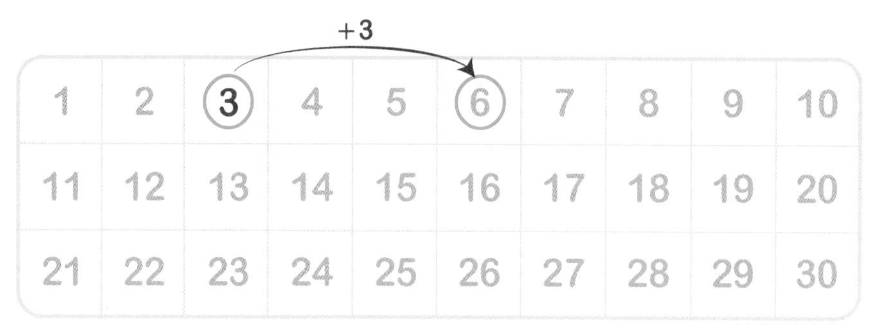

소리내 풀기 3씩 ■번 뛰어세기해서 동그라미(○)로 표시하고, 값을 적으세요 !

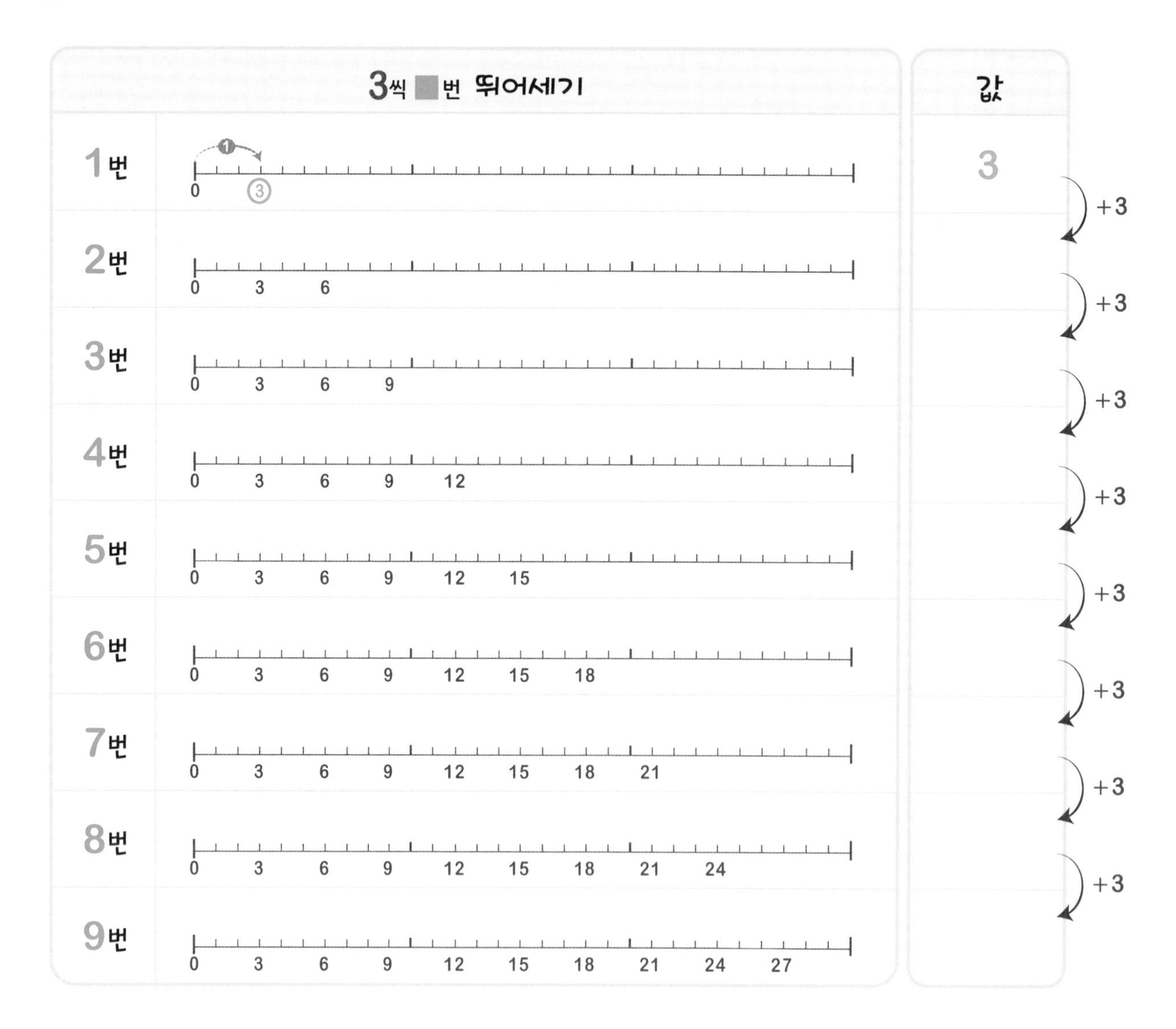

3부터 시작해서 3씩 커지는 수를 적어 보세요 !

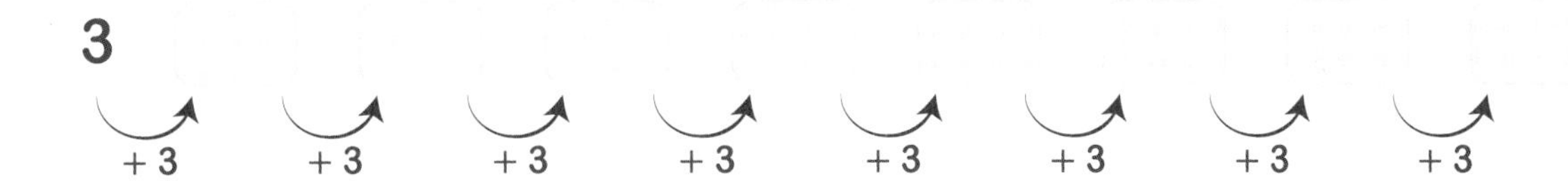

3씩 커지는 곱셈구구 3단 ! 덧셈식을 곱셈식으로 나타내세요 !

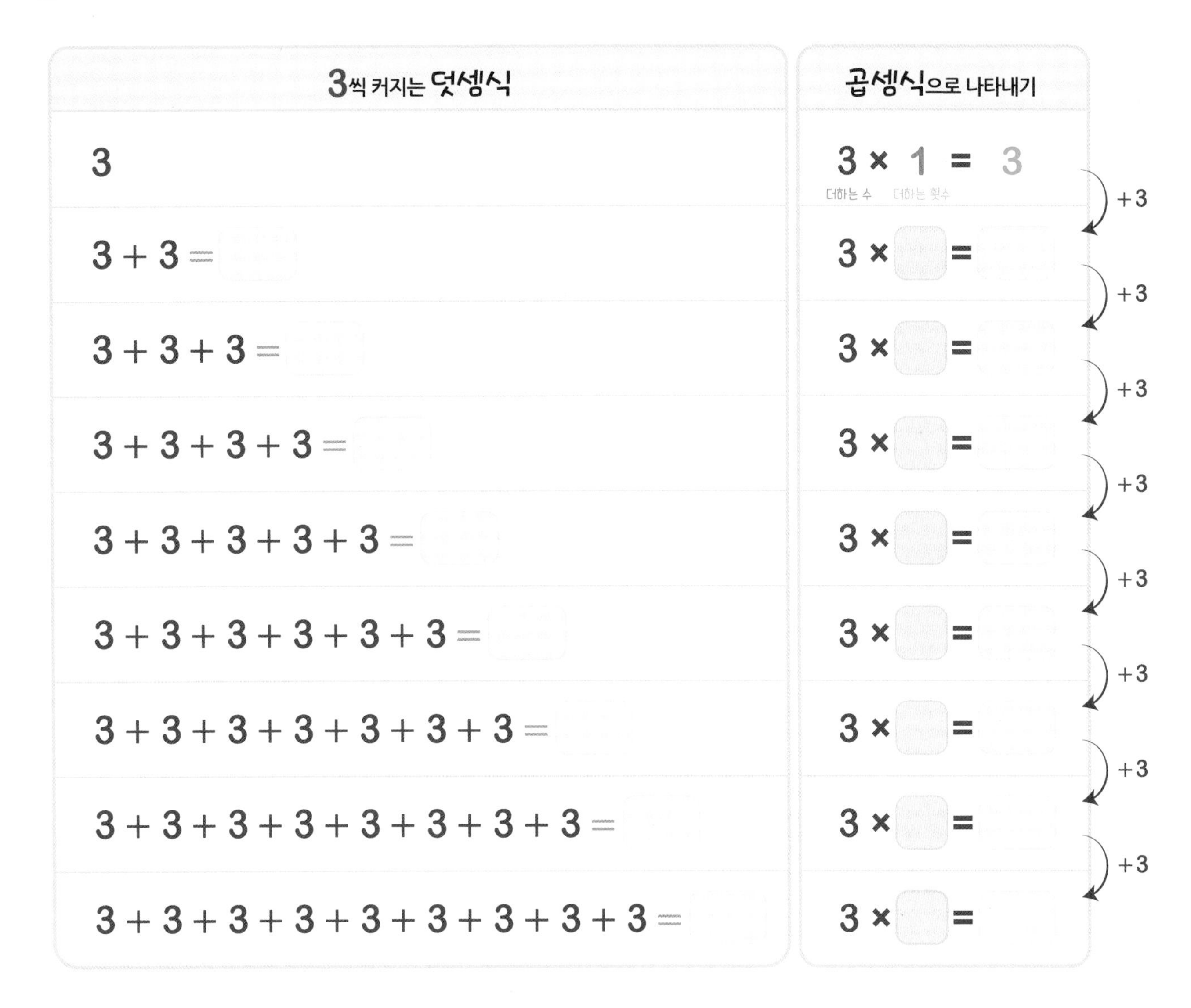

3씩 커지는 덧셈식	곱셈식으로 나타내기
3	3 × 1 = 3 (더하는 수, 더하는 횟수)
3 + 3 =	3 × =
3 + 3 + 3 =	3 × =
3 + 3 + 3 + 3 =	3 × =
3 + 3 + 3 + 3 + 3 =	3 × =
3 + 3 + 3 + 3 + 3 + 3 =	3 × =
3 + 3 + 3 + 3 + 3 + 3 + 3 =	3 × =
3 + 3 + 3 + 3 + 3 + 3 + 3 + 3 =	3 × =
3 + 3 + 3 + 3 + 3 + 3 + 3 + 3 + 3 =	3 × =

+3 +3 +3 +3 +3 +3 +3 +3

3단

소리내 풀기 곱셈구구 3단을 완성하고, 5번 읽어 보세요 !

곱셈구구 3단		읽기
3 × 1 = 3		삼 일 은 삼
3 × 2 =	+3	삼 이 육
3 × 3 =	+3	삼 삼 은 구
3 × 4 =	+3	삼 사 십이
3 × 5 =	+3	삼 오 십오
3 × 6 =	+3	삼 육 십팔
3 × 7 =	+3	삼 칠 이십일
3 × 8 =	+3	삼 팔 이십사
3 × 9 =	+3	삼 구 이십칠

1번 읽을때마다 **하나씩** 지우세요 !

거꾸로 **3번** 읽어보세요 !

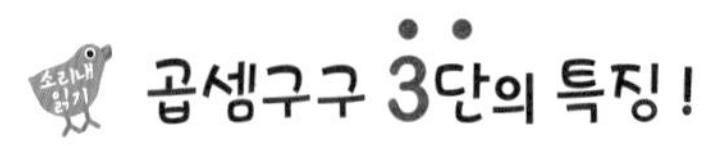

소리내 읽기 곱셈구구 3단의 특징 !

❶ 수가 커질때마다 **3**씩 커집니다.

곱셈구구 3단을 소리내 외우며 아래 문제를 풀어 보세요 !

①
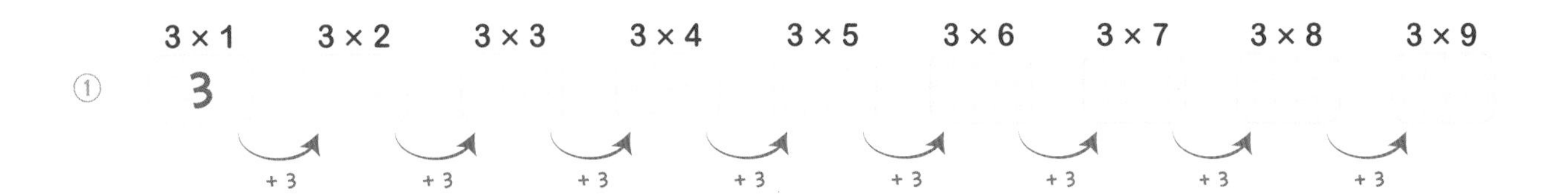

②
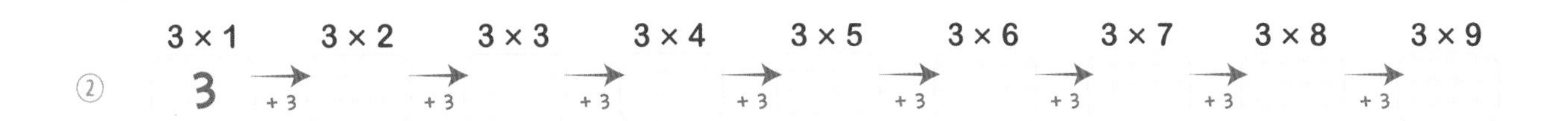

③
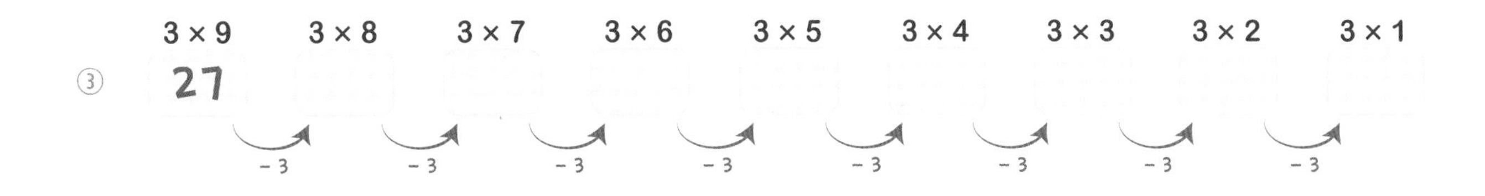

④

×	1 (더하는 횟수)	2	3	4	5	6	7	8	9
3 (더하는 수)	3				15				
	3×1=	3×2=							

⑤ 곱셈구구 3단을 외우며 해당하는 숫자에 ○ 표 하세요 !

1	2	(3)	4	5	(6)	7	8	9	10
11	12	13	14	15	16	17	18	19	20
21	22	23	24	25	26	27	28	29	30

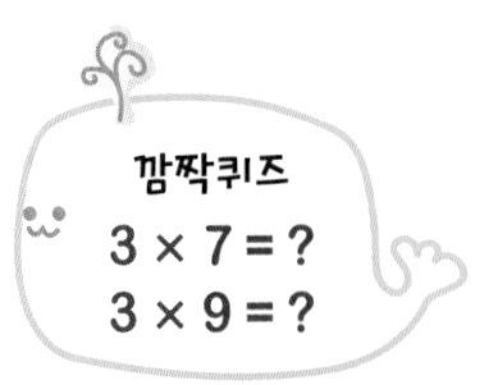

1초만에 생각나지 않았다면
2번 더 외우세요 !

곱셈구구 3단의 연습(1)

소리내 풀기 아래 곱셈의 값을 구하세요 !

① $3 \times 1 =$

② $3 \times 3 =$

③ $3 \times 7 =$

④ $3 \times 8 =$

⑤ $3 \times 4 =$

⑥ $3 \times 9 =$

⑦ $3 \times 5 =$

⑧ $3 \times 6 =$

⑨ $3 \times 2 =$

⑩ $3 \times 4 =$

⑪ $3 \times 9 =$

⑫ $3 \times 2 =$

⑬ $3 \times 6 =$

⑭ $3 \times 1 =$

⑮ $3 \times 3 =$

⑯ $3 \times 8 =$

⑰ $3 \times 7 =$

⑱ $3 \times 5 =$

곱셈구구 3단을 생각하며 아래 문제를 풀어 보세요 !

①

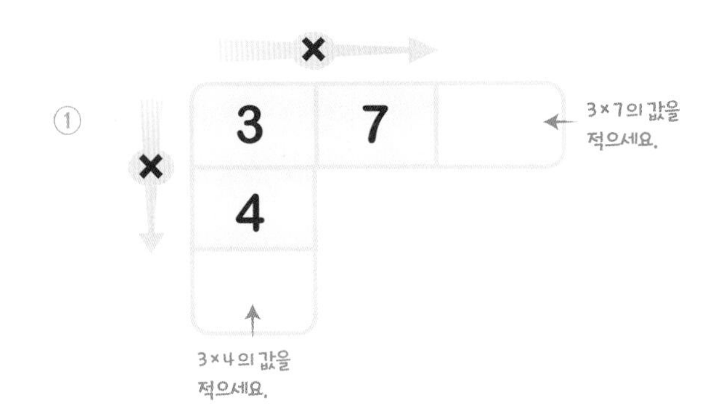

②

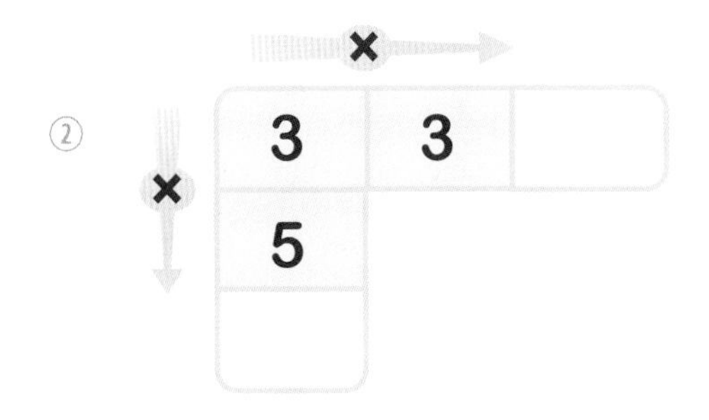

③

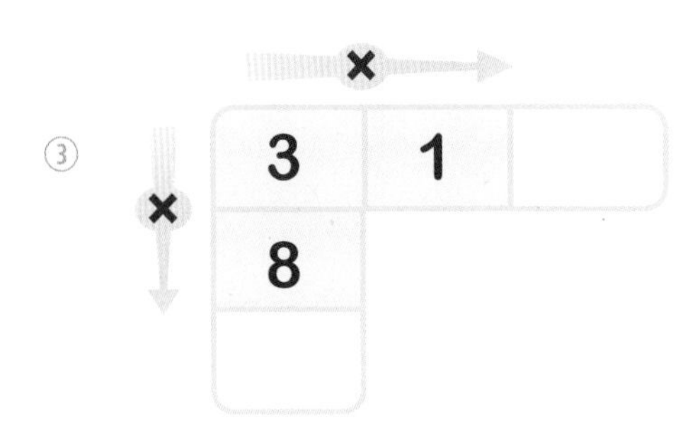

④

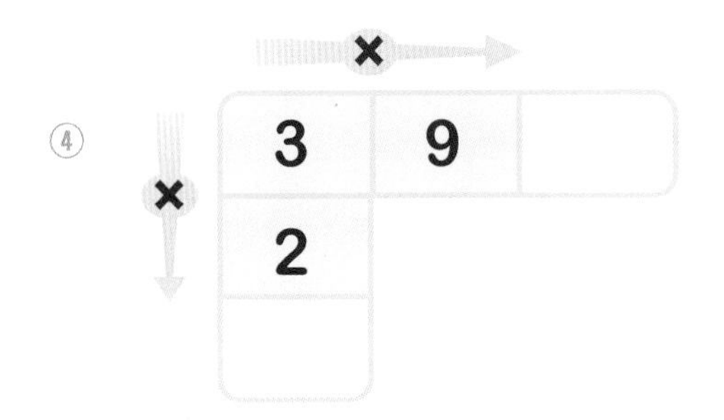

⑤

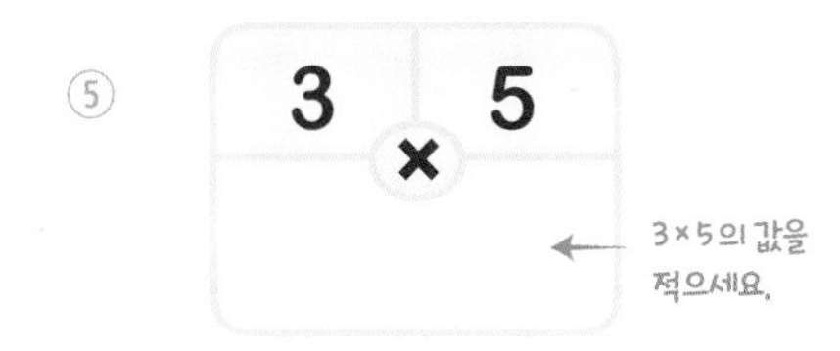

⑥

⑦

⑧

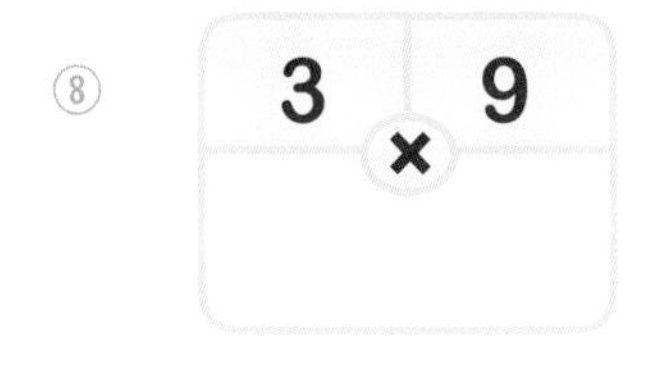

⑨ 3 × 6

⑩ 3 × 8

3단

곱셈구구 3단의 연습(2)

소리내 풀기 아래 곱셈구구 3단의 값을 옆에 적으세요 !

① $3 \times 3 =$

② $3 \times 8 =$

③ $3 \times 1 =$

④ $3 \times 7 =$

⑤ $3 \times 6 =$

⑥ $3 \times 2 =$

⑦ $3 \times 5 =$

⑧ $3 \times 9 =$

⑨ $3 \times 4 =$

⑩ $3 \times 1 =$

⑪ $3 \times 7 =$

⑫ $3 \times 5 =$

⑬ $3 \times 4 =$

⑭ $3 \times 3 =$

⑮ $3 \times 8 =$

⑯ $3 \times 9 =$

⑰ $3 \times 2 =$

⑱ $3 \times 6 =$

⑲ $3 \times 5 =$

⑳ $3 \times 2 =$

㉑ $3 \times 8 =$

㉒ $3 \times 1 =$

㉓ $3 \times 9 =$

㉔ $3 \times 7 =$

㉕ $3 \times 6 =$

㉖ $3 \times 4 =$

㉗ $3 \times 3 =$

곱셈구구 3단을 생각하며 아래 문제를 풀어 보세요 !

①
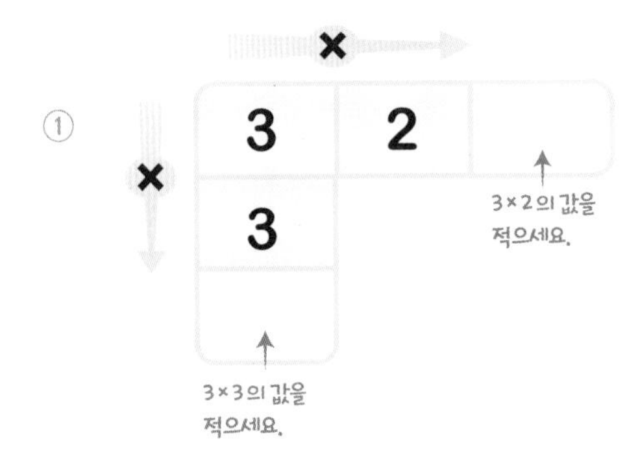

②
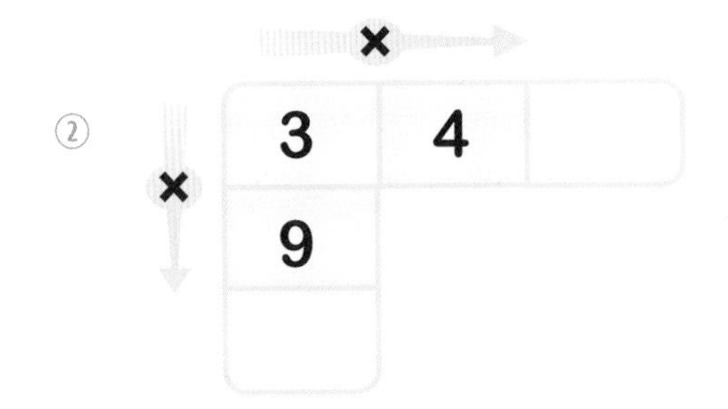

③
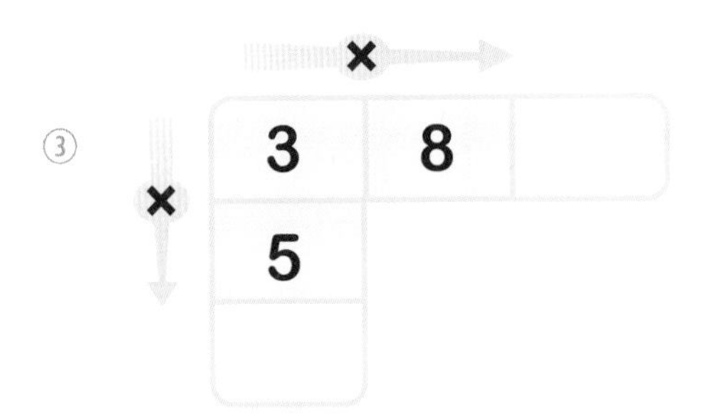

④

⑤

⑥
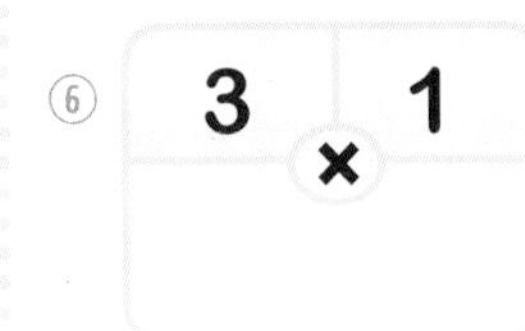

⑦
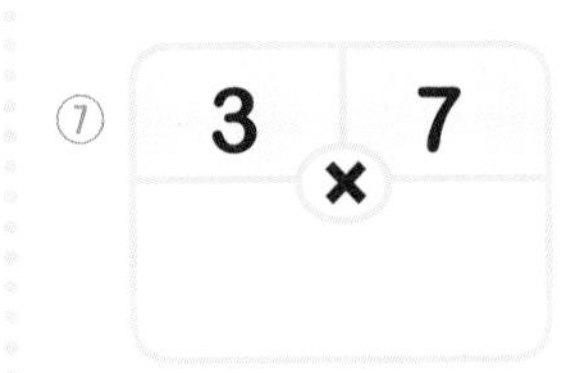

⑧
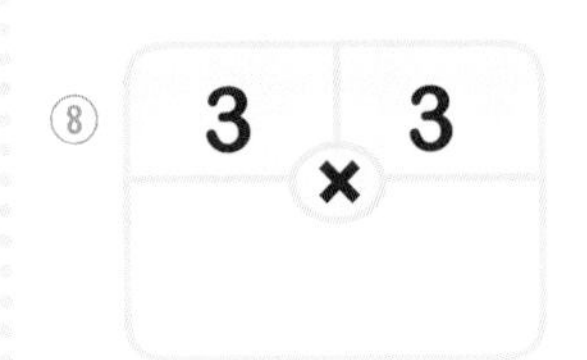

⑨
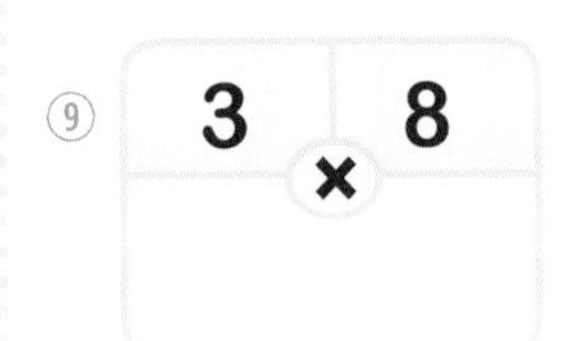

⑩ 3 × 2

⑪
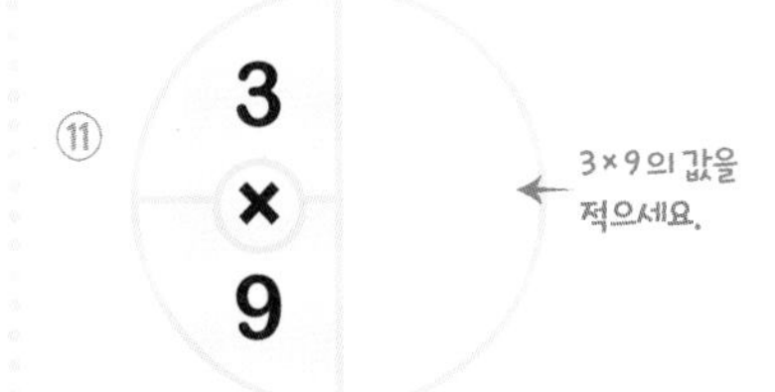

⑫

⑬
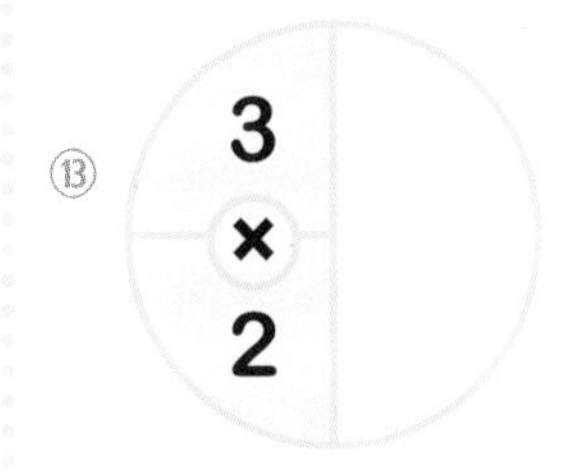

⑭

⑮
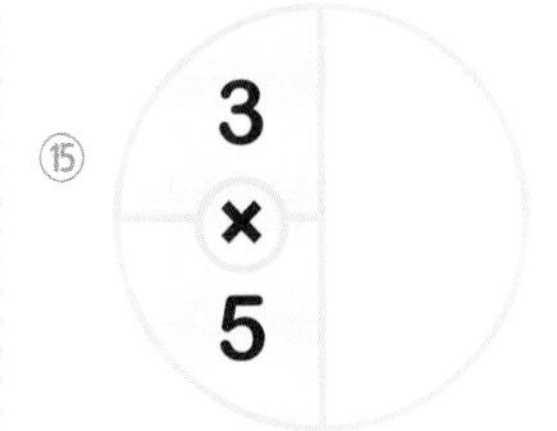

⑯
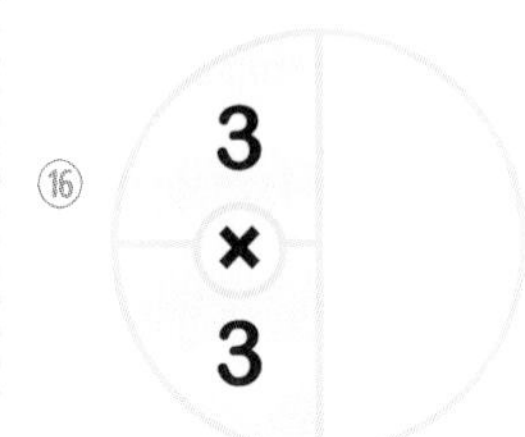

곱셈구구 3단의 연습(3)

소리내 풀기 아래 곱셈구구 3단의 값을 옆에 적으세요 !

① 3 × 4 =

② 3 × 2 =

③ 3 × 6 =

④ 3 × 8 =

⑤ 3 × 1 =

⑥ 3 × 9 =

⑦ 3 × 7 =

⑧ 3 × 5 =

⑨ 3 × 3 =

⑩ 3 × 6 =

⑪ 3 × 1 =

⑫ 3 × 4 =

⑬ 3 × 7 =

⑭ 3 × 3 =

⑮ 3 × 2 =

⑯ 3 × 8 =

⑰ 3 × 9 =

⑱ 3 × 5 =

⑲ 3 × 7 =

⑳ 3 × 3 =

㉑ 3 × 8 =

㉒ 3 × 5 =

㉓ 3 × 6 =

㉔ 3 × 9 =

㉕ 3 × 1 =

㉖ 3 × 2 =

㉗ 3 × 4 =

곱셈구구 3단을 생각하며, 아래 문제를 풀어보세요 !

① 3명씩 줄을 서서 6줄이 모였다면, 모인 사람은 모두 몇 명일까요 ?

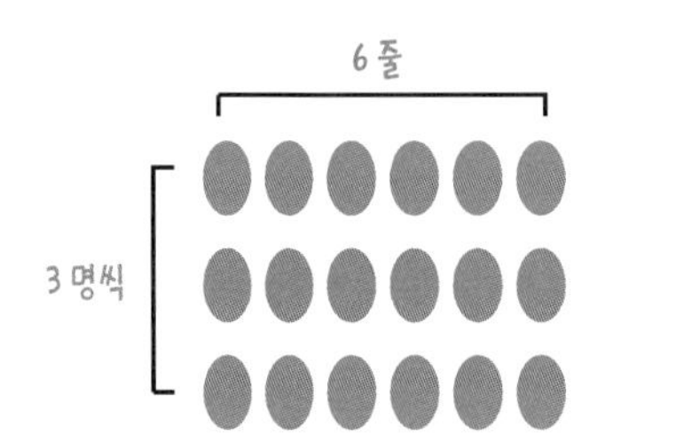

식) 3 × 6 =
1줄당 사람수 줄 수

답) 명

② 바퀴가 3개씩 달린 자전거가 7대 있습니다. 바퀴 수는 모두 몇 개 일까요?

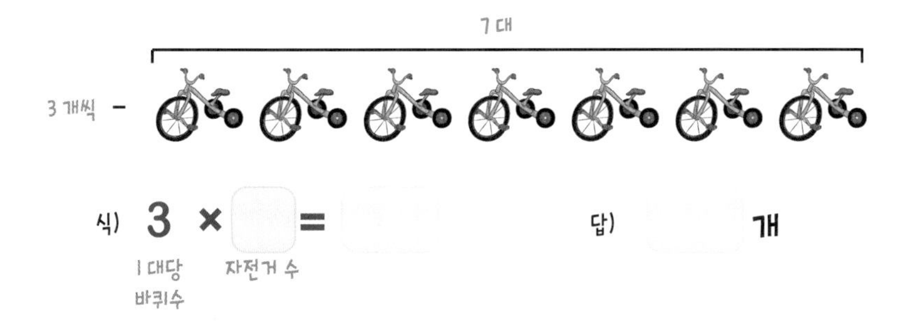

식) 3 × =
1대당 바퀴수 자전거 수

답) 개

③ 3개씩 달린 바나나가 9송이 있으면, 바나나는 모두 몇 개 일까요 ?

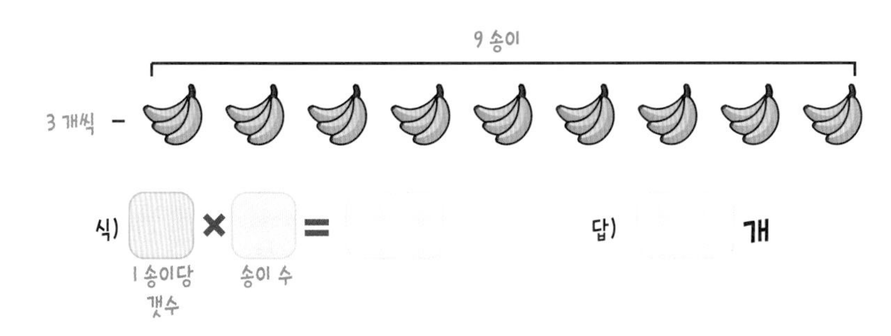

식) × =
1송이당 갯수 송이 수

답) 개

곱셈구구 3단을 정성들여 적고, 마무리 합니다 !

쓰기
3 × 1 = 3
3 × =
× =
× =
× =
× =
× =
× =
× =

이것으로 곱셈구구 3단을 완전히 익혔습니다.

이제 4단으로 넘어 갑니다 !

3 단

곱셈구구 4단의 원리

월 일
시

4부터 시작해서 4씩 더해 가며 동그라미(○)로 표시해 보세요 !

+4

1	2	3	(4)	5	6	7	(8)	9	10
11	12	13	14	15	16	17	18	19	20
21	22	23	24	25	26	27	28	29	30
31	32	33	34	35	36	37	38	39	40

4씩 ■번 뛰어세기해서 동그라미(○)로 표시하고, 값을 적으세요 !

	4씩 ■번 뛰어세기	값
1번	0 (4)	4
2번	0 4 8	
3번	0 4 8 12	
4번	0 4 8 12 16	
5번	0 4 8 12 16 20	
6번	0 4 8 12 16 20 24	
7번	0 4 8 12 16 20 24 28	
8번	0 4 8 12 16 20 24 28 32	
9번	0 4 8 12 16 20 24 28 32 36	

+4 +4 +4 +4 +4 +4 +4 +4

4단

확인

4부터 시작해서 4씩 커지는 수를 적어 보세요 !

4

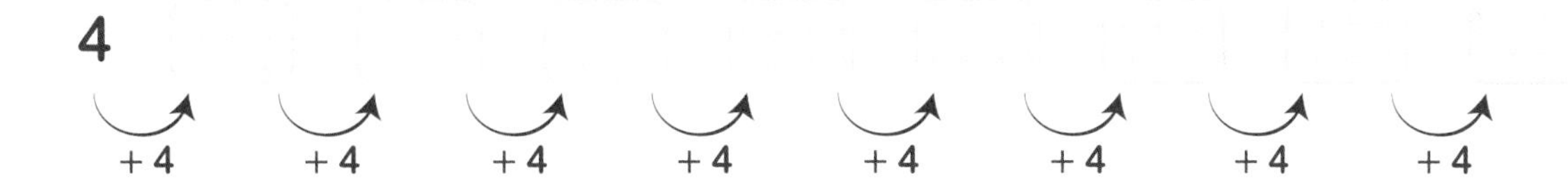

4씩 커지는 곱셈구구 4단 ! 덧셈식을 곱셈식으로 나타내세요 !

4씩 커지는 덧셈식	곱셈식으로 나타내기
4	4 × 1 = 4 (더하는 수, 더하는 횟수)
4 + 4 =	4 × □ =
4 + 4 + 4 =	4 × □ =
4 + 4 + 4 + 4 =	4 × □ =
4 + 4 + 4 + 4 + 4 =	4 × □ =
4 + 4 + 4 + 4 + 4 + 4 =	4 × □ =
4 + 4 + 4 + 4 + 4 + 4 + 4 =	4 × □ =
4 + 4 + 4 + 4 + 4 + 4 + 4 + 4 =	4 × □ =
4 + 4 + 4 + 4 + 4 + 4 + 4 + 4 + 4 =	4 × □ =

+4 +4 +4 +4 +4 +4 +4 +4

4단

곱셈구구 4단을 완성하고, 5번 읽어 보세요 !

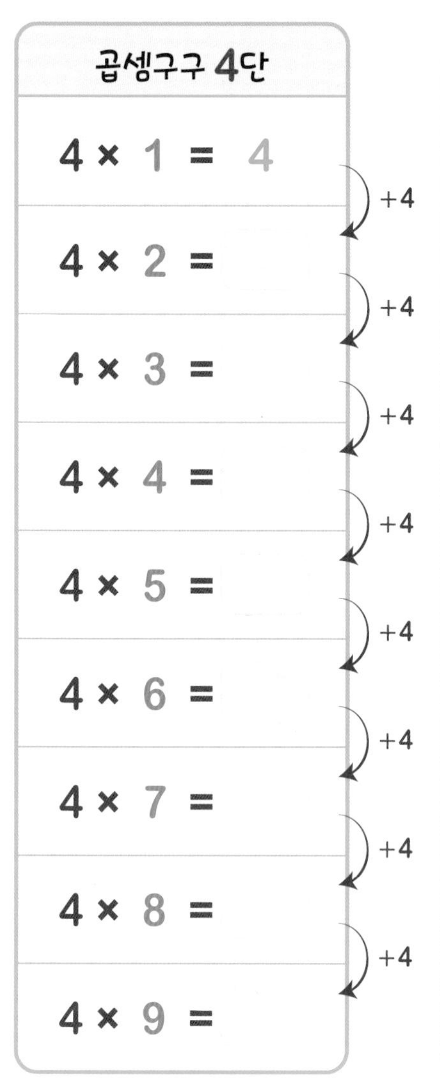

곱셈구구 4단	읽기	쓰기
4 × 1 = 4	사 일 은 사	4 × 1 = 4
4 × 2 =	사 이 팔	4 × =
4 × 3 =	사 삼 십이	× =
4 × 4 =	사 사 십육	× =
4 × 5 =	사 오 이십	× =
4 × 6 =	사 육 이십사	× =
4 × 7 =	사 칠 이십팔	× =
4 × 8 =	사 팔 삼십이	× =
4 × 9 =	사 구 삼십육	× =

+4 +4 +4 +4 +4 +4 +4 +4

1번 읽을때마다 **하나씩** 지우세요 !

거꾸로 **3번** 읽어보세요 !

곱셈구구 4단의 특징 !

❶ 수가 커질때마다 **4**씩 커집니다.

❷ 곱셈구구 **2**단의 **2배**입니다. ×2

※ 2배 = 어떤 수 × 2 = 어떤수의 2배

3배 = 어떤 수 × 3 = 어떤수의 3배 ...

읽을때는 두배, 세배, 네배, 다섯배,...로 읽습니다.

※ 2배수 = 어떤 수 × 2의 값이 되는 수 = 어떤수의 2배가 되는 수

3배수 = 어떤 수 × 3의 값이 되는 수 = 어떤수의 3배가 되는 수 ...

※ 2배 = 2배수

4단

곱셈구구 4단을 소리내 외우며 아래 문제를 풀어 보세요 !

①

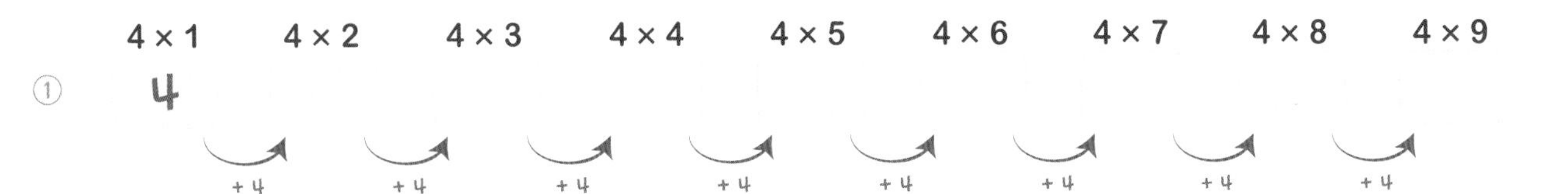

②

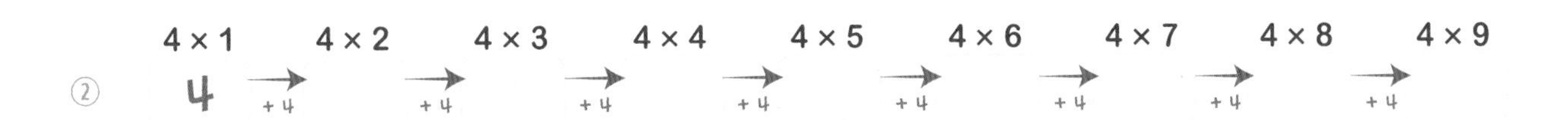

③

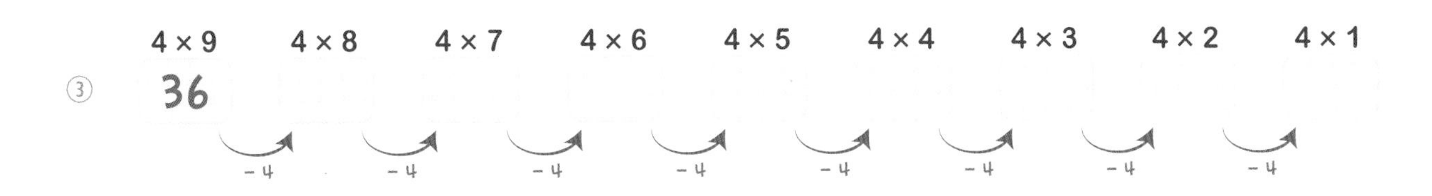

④

×	1 (더하는 횟수)	2	3	4	5	6	7	8	9
4 (더하는 수)	4				20				

4×1=　　4×2=

⑤

곱셈구구 4단을 외우며 해당하는 숫자에 ○ 표 하세요 !

1	2	3	4	5	6	7	8	9	10
11	12	13	14	15	16	17	18	19	20
21	22	23	24	25	26	27	28	29	30
31	32	33	34	35	36	37	38	39	40

1초만에 생각나지 않았다면
2번 더 외우세요 !

4단

곱셈구구 4단의 연습(1)

월 일
시

아래 곱셈의 값을 구하세요 !

① $4 \times 1 =$

② $4 \times 3 =$

③ $4 \times 7 =$

④ $4 \times 8 =$

⑤ $4 \times 4 =$

⑥ $4 \times 9 =$

⑦ $4 \times 5 =$

⑧ $4 \times 6 =$

⑨ $4 \times 2 =$

⑩ $4 \times 4 =$

⑪ $4 \times 9 =$

⑫ $4 \times 2 =$

⑬ $4 \times 6 =$

⑭ $4 \times 1 =$

⑮ $4 \times 3 =$

⑯ $4 \times 8 =$

⑰ $4 \times 7 =$

⑱ $4 \times 5 =$

확인

곱셈구구 4단을 생각하며 아래 문제를 풀어 보세요 !

① 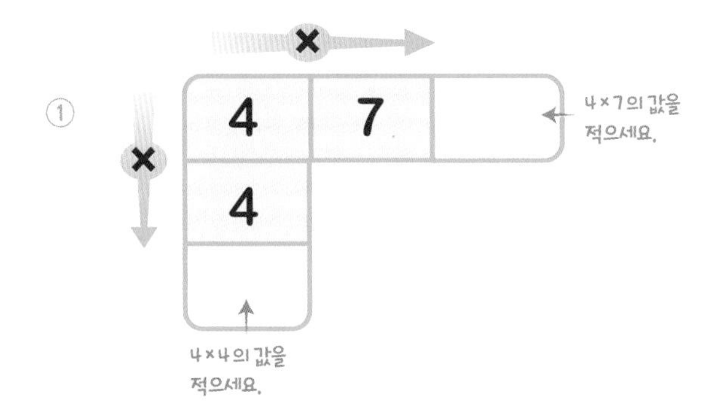

② 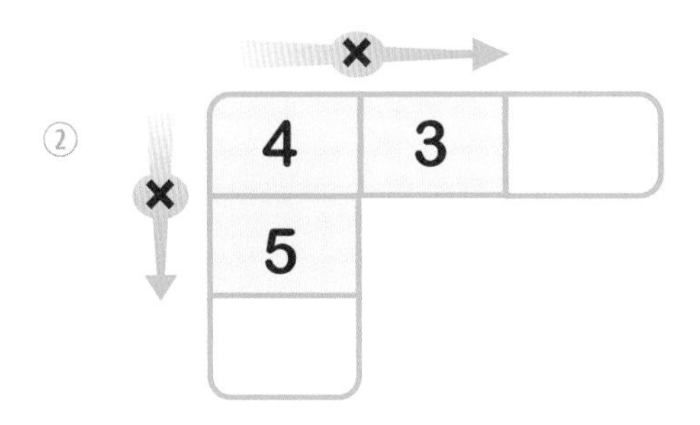

③ 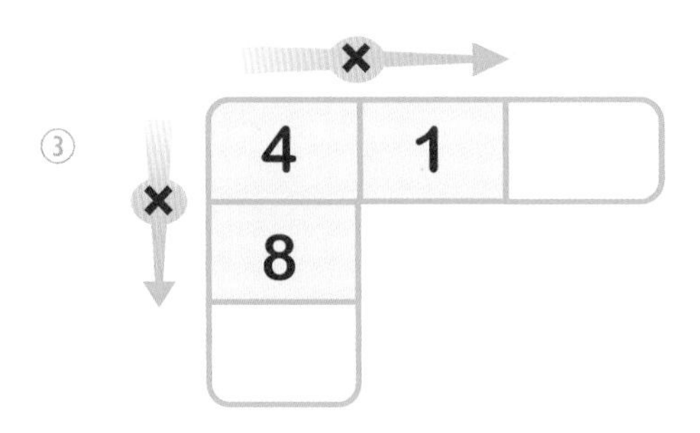

④ 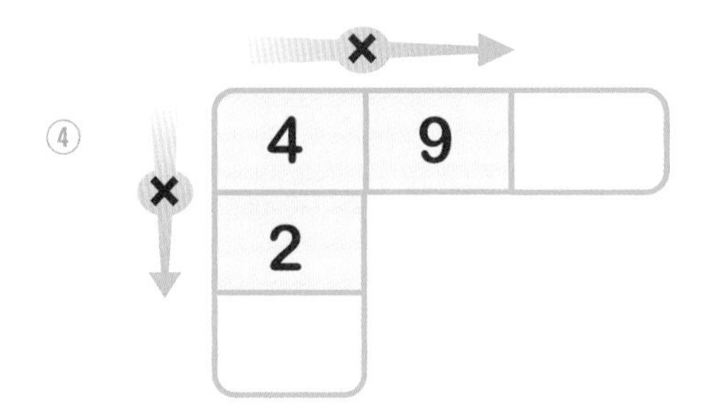

⑤ 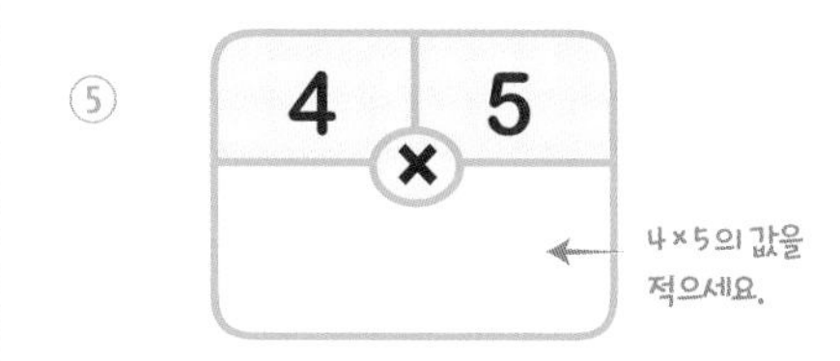

⑥ 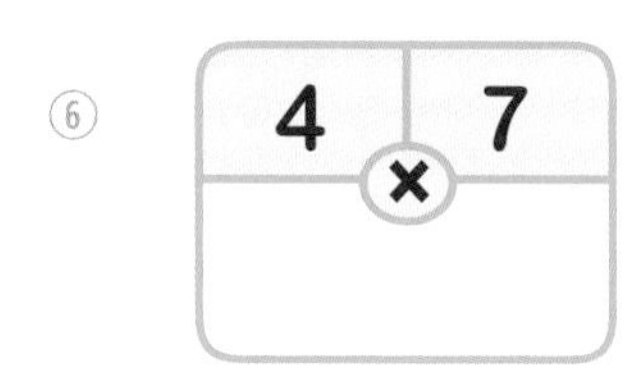

⑦ 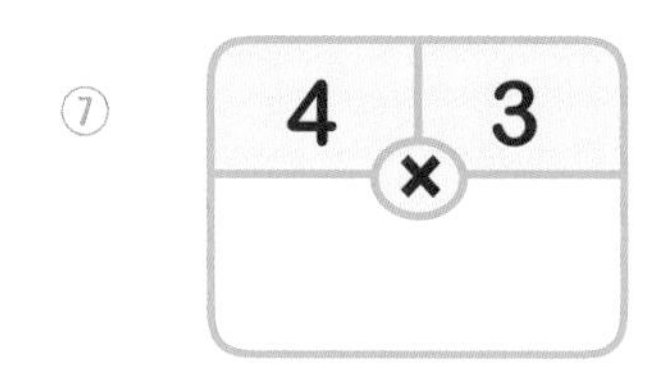

⑧ 

⑨ 

⑩ 

곱셈구구 4단의 연습(2)

소리내 풀기 아래 곱셈구구 4단의 값을 옆에 적으세요 !

① $4 \times 3 =$

② $4 \times 8 =$

③ $4 \times 1 =$

④ $4 \times 7 =$

⑤ $4 \times 6 =$

⑥ $4 \times 2 =$

⑦ $4 \times 5 =$

⑧ $4 \times 9 =$

⑨ $4 \times 4 =$

⑩ $4 \times 1 =$

⑪ $4 \times 7 =$

⑫ $4 \times 5 =$

⑬ $4 \times 4 =$

⑭ $4 \times 3 =$

⑮ $4 \times 8 =$

⑯ $4 \times 9 =$

⑰ $4 \times 2 =$

⑱ $4 \times 6 =$

⑲ $4 \times 5 =$

⑳ $4 \times 2 =$

㉑ $4 \times 8 =$

㉒ $4 \times 1 =$

㉓ $4 \times 9 =$

㉔ $4 \times 7 =$

㉕ $4 \times 6 =$

㉖ $4 \times 4 =$

㉗ $4 \times 3 =$

곱셈구구 4단을 생각하며 아래 문제를 풀어 보세요 !

①

×		
4	2	
3		

4×2의 값을 적으세요.

4×3의 값을 적으세요.

② 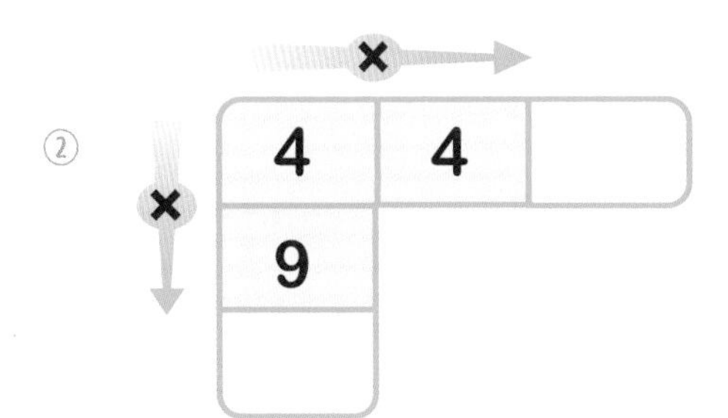

③ 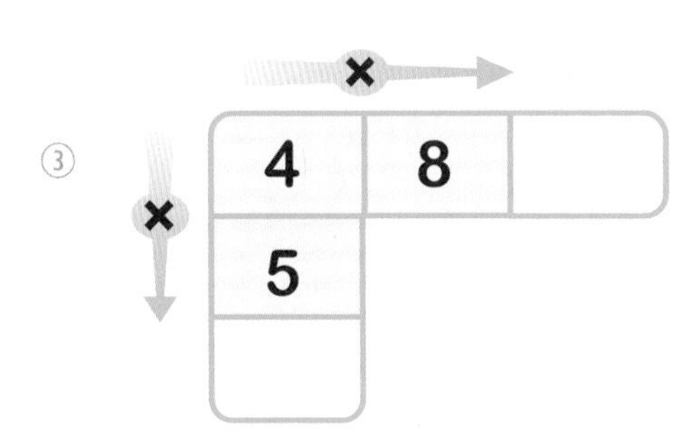

④ 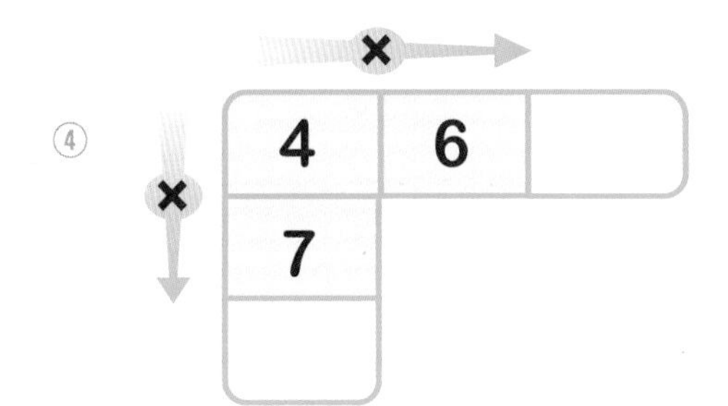

⑤ 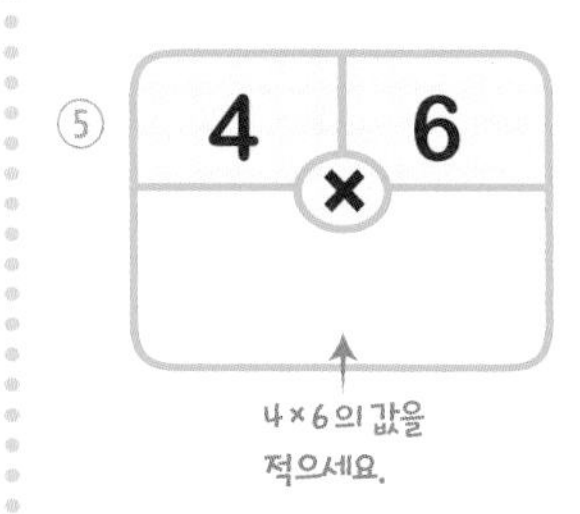

⑥ 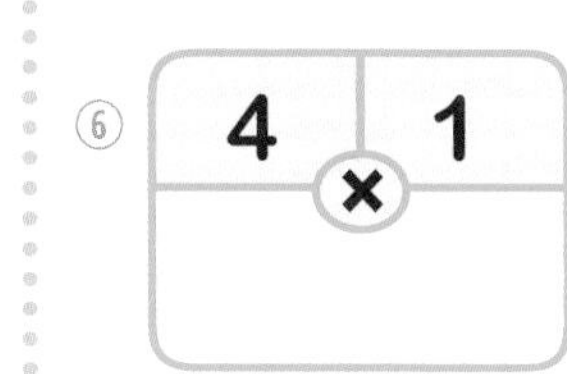

⑦ 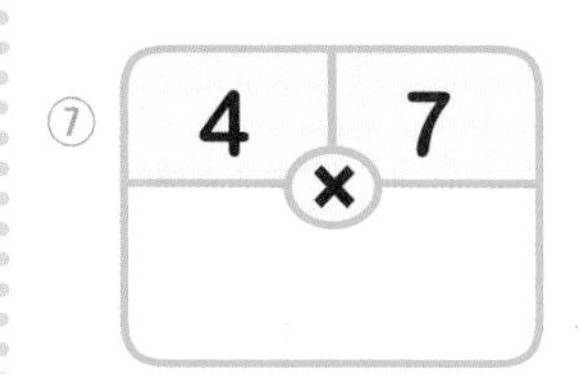

⑧ 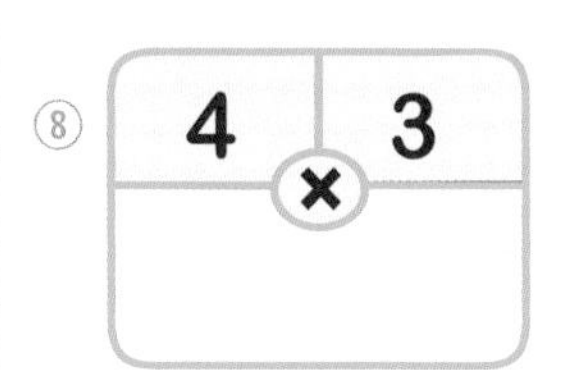

⑨ 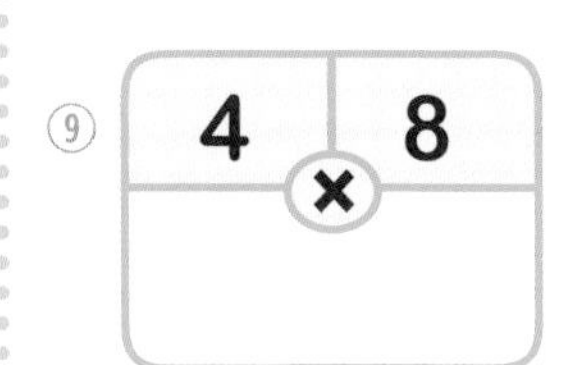

⑩ 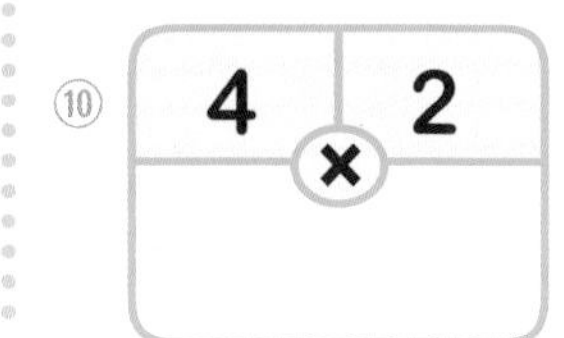

⑪ 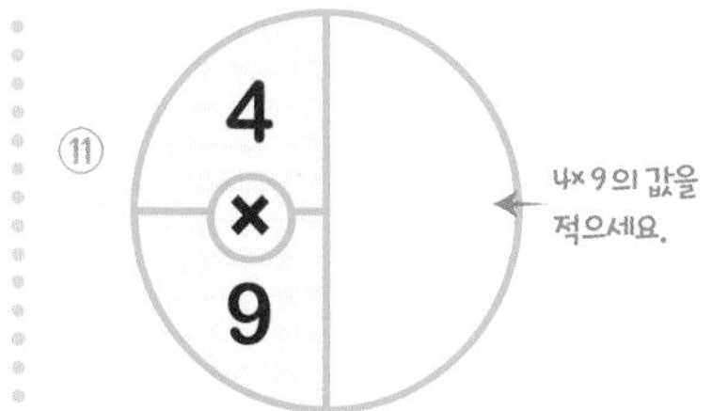

⑫ 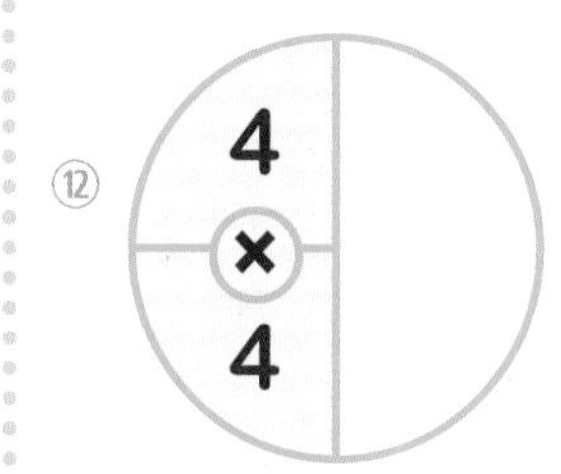

⑬ 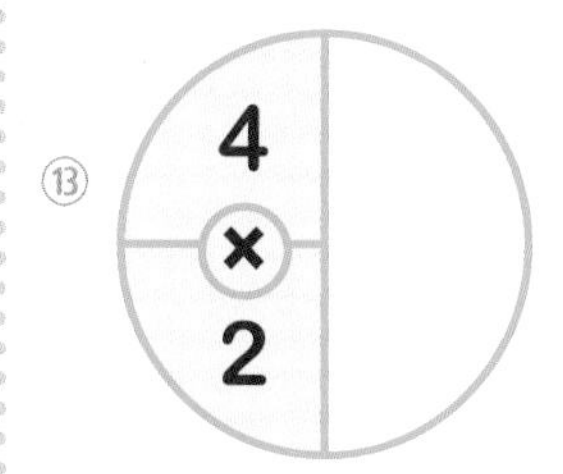

⑭ 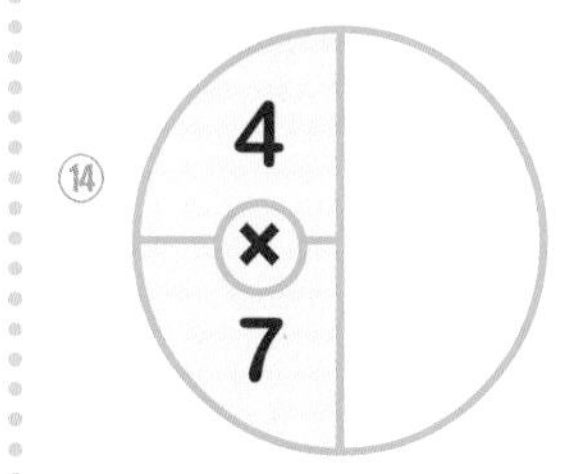

⑮ 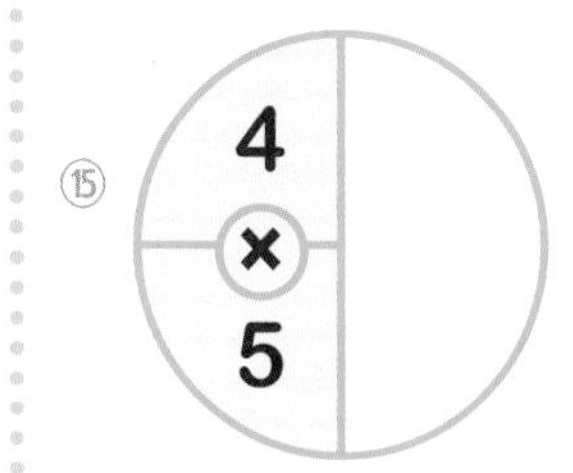

⑯ 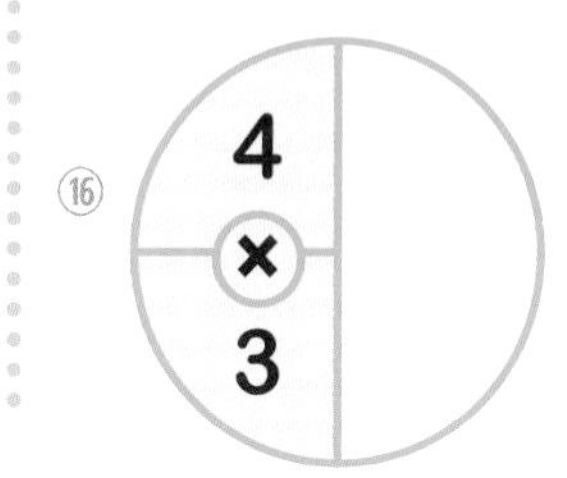

곱셈구구 4단의 연습(3)

소리내 풀기 아래 곱셈구구 4단의 값을 옆에 적으세요 !

① 4 × 4 =

② 4 × 2 =

③ 4 × 6 =

④ 4 × 8 =

⑤ 4 × 1 =

⑥ 4 × 9 =

⑦ 4 × 7 =

⑧ 4 × 5 =

⑨ 4 × 3 =

⑩ 4 × 6 =

⑪ 4 × 1 =

⑫ 4 × 4 =

⑬ 4 × 7 =

⑭ 4 × 3 =

⑮ 4 × 2 =

⑯ 4 × 8 =

⑰ 4 × 9 =

⑱ 4 × 5 =

⑲ 4 × 7 =

⑳ 4 × 3 =

㉑ 4 × 8 =

㉒ 4 × 5 =

㉓ 4 × 6 =

㉔ 4 × 9 =

㉕ 4 × 1 =

㉖ 4 × 2 =

㉗ 4 × 4 =

곱셈구구 4단을 생각하며, 아래 문제를 풀어보세요 !

① 4명씩 줄을 서서 8줄이 모였다면, 모인 사람은 모두 몇 명일까요 ?

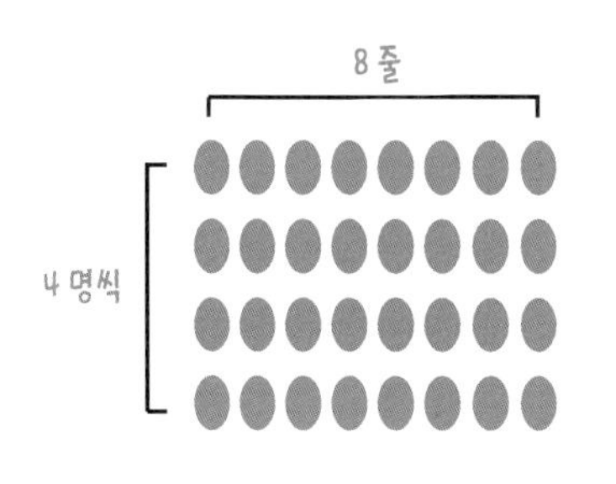

식) 4 × 8 =
1 줄의 사람수　줄 수

답) 명

② 바퀴가 4개인 자동차가 6대 있으면, 자동차의 바퀴는 모두 몇 개 일까요 ?

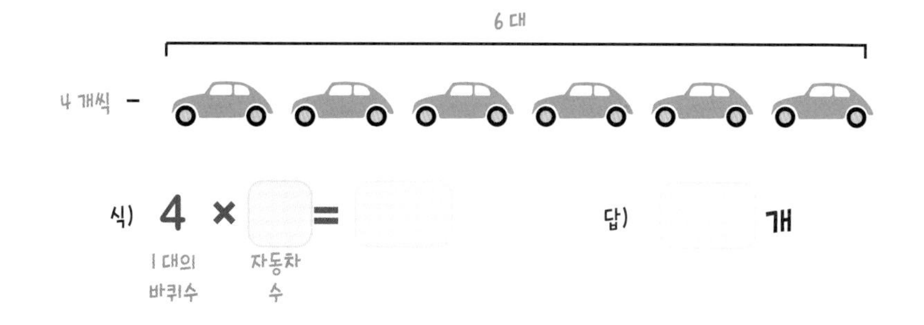

식) 4 × =
1 대의 바퀴수　자동차 수

답) 개

③ 잎이 4개인 네잎클로버가 7개 있습니다. 잎은 모두 몇 개 일까요 ?

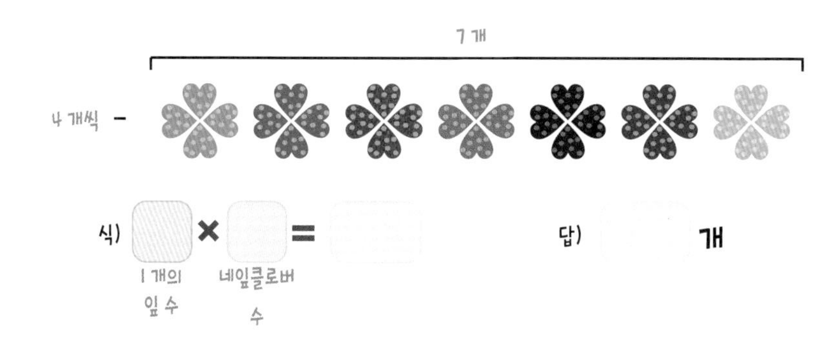

식) × =
1 개의 잎 수　네잎클로버 수

답) 개

곱셈구구 4단을 정성들여 적고, 마무리 합니다 !

쓰기
4 × 1 = 4
4 × =
× =
× =
× =
× =
× =
× =
× =

이것으로 곱셈구구 4 단을 완전히 익혔습니다.

다음으로 넘어가기전 2 단~ 4 단을 충분히 연습합니다 !

4 단

곱셈구구 2단 ~ 4단의 연습 (1)

곱셈구구 2단~4단을 소리내 외우며, 아래의 원에 값을 채워 보세요! 중앙에 있는 수 × 중간에 있는 수 의 값을 적으세요.

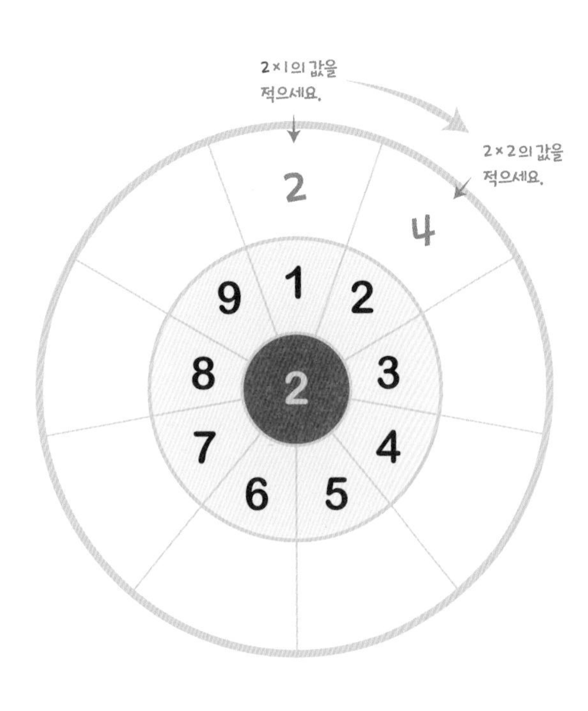

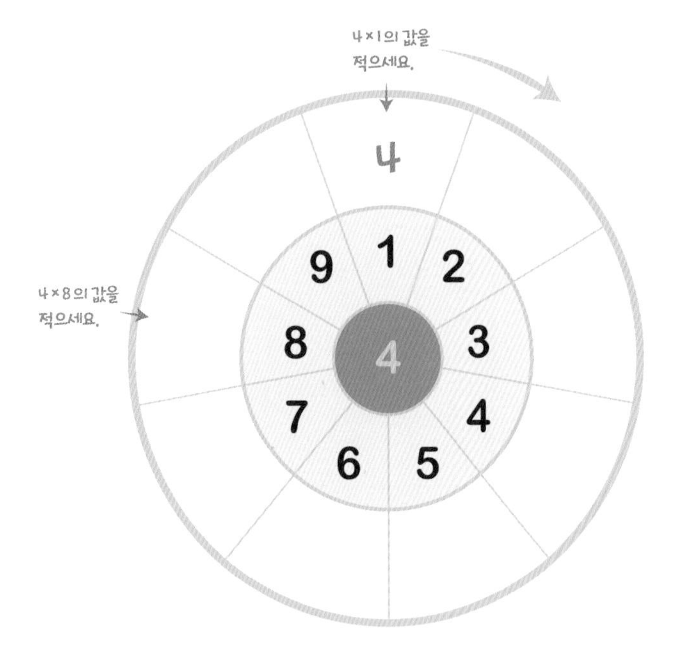

완성된 원을 보며 2단 ~ 4단까지

2번 소리내 외워 보세요!

거꾸로 2번 읽어보세요!

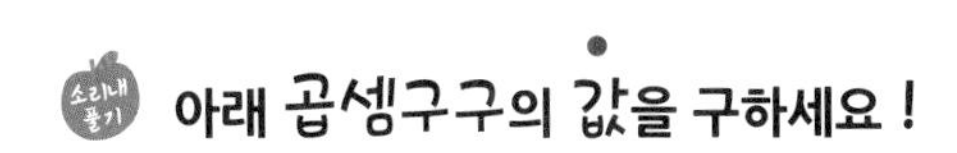

확인

아래 곱셈구구의 값을 구하세요 !

① $2 \times 5 =$

② $4 \times 7 =$

③ $3 \times 6 =$

④ $2 \times 8 =$

⑤ $3 \times 9 =$

⑥ $2 \times 2 =$

⑦ $3 \times 4 =$

⑧ $4 \times 3 =$

⑨ $2 \times 1 =$

※ 값이 1초 만에 생각나지 않으면, 해당하는 곱셈구구 를 1번 더 꼼꼼히 외우고, 다시 풉니다.

⑩ $3 \times 5 =$

⑪ $4 \times 1 =$

⑫ $3 \times 3 =$

⑬ $2 \times 9 =$

⑭ $3 \times 8 =$

⑮ $4 \times 4 =$

⑯ $2 \times 7 =$

⑰ $3 \times 2 =$

⑱ $4 \times 6 =$

⑲ $2 \times 6 =$

⑳ $4 \times 2 =$

㉑ $2 \times 4 =$

㉒ $4 \times 8 =$

㉓ $4 \times 3 =$

㉔ $2 \times 5 =$

㉕ $3 \times 1 =$

㉖ $4 \times 9 =$

㉗ $3 \times 7 =$

※ 정답과 맞춘 후 틀린 것이 있으면, 해당하는 곱셈구구 를 틀린 수만큼 꼼꼼히 다시 외웁니다.

곱셈구구 2단~4단을 생각하며, 아래의 네모에 값을 채워 보세요! 제일 앞에 있는 수 × 제일 위에 있는 수 의 값을 적으세요.

×	1	4	7
2	2 (2×1의 값을 적으세요.)		
3		3×4의 값을 적으세요.	
4			4×7의 값을 적으세요.

※ 값이 1초 만에 생각나지 않으면, 해당하는 곱셈구구를 1번 더 꼼꼼이 외우고, 다시 풉니다.

×	2	5	8
3	3×2의 값을 적으세요.		
2	2×2의 값을 적으세요.		
4			

※ 정답을 맞춘 후 틀린 것이 있으면, 해당하는 곱셈구구를 틀린 수만큼 꼼꼼이 다시 외웁니다.

×	3	6	9
4	4×3의 값을 적으세요.	4×6의 값을 적으세요.	
3			
2			

1초만에 생각나지 않았다면
2번 더 외우고 오세요~~!

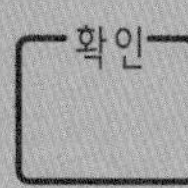

아래 곱셈구구의 값을 구하세요 !

① 4 × 1 =

② 3 × 5 =

③ 2 × 4 =

④ 4 × 6 =

⑤ 2 × 7 =

⑥ 4 × 9 =

⑦ 2 × 2 =

⑧ 3 × 3 =

⑨ 4 × 8 =

⑩ 2 × 3 =

⑪ 3 × 8 =

⑫ 2 × 1 =

⑬ 4 × 7 =

⑭ 2 × 6 =

⑮ 3 × 2 =

⑯ 4 × 5 =

⑰ 2 × 9 =

⑱ 3 × 4 =

⑲ 4 × 4 =

⑳ 3 × 9 =

㉑ 4 × 2 =

㉒ 3 × 6 =

㉓ 3 × 1 =

㉔ 4 × 3 =

㉕ 2 × 8 =

㉖ 3 × 7 =

㉗ 2 × 5 =

※ 값이 **1**초 만에 생각나지 않거나,
틀린 것이 있으면, 다시 외웁니다.

곱셈구구 2단 ~ 4단의 연습 (3)

아래 곱셈구구를 완성하고, 2단~4단을 천천히 꼼꼼히 2번 읽으세요 !

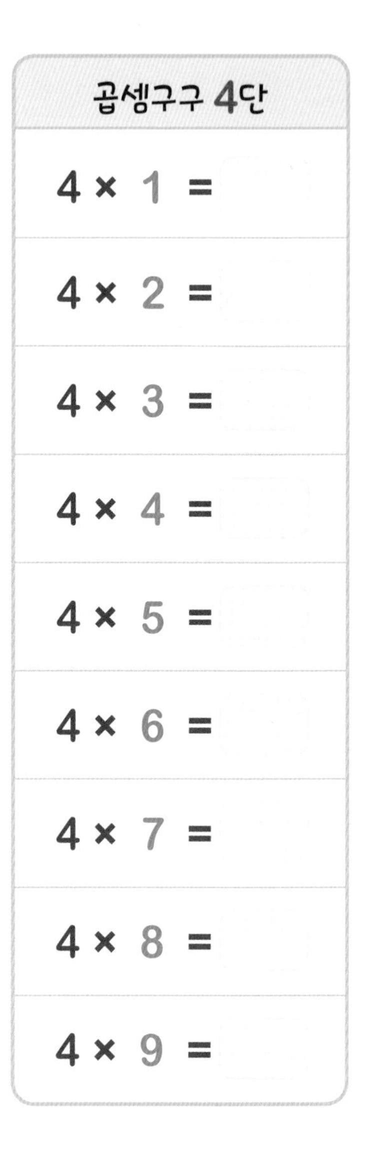

곱셈구구 2단	곱셈구구 3단	곱셈구구 4단
2 × 1 =	3 × 1 =	4 × 1 =
2 × 2 =	3 × 2 =	4 × 2 =
2 × 3 =	3 × 3 =	4 × 3 =
2 × 4 =	3 × 4 =	4 × 4 =
2 × 5 =	3 × 5 =	4 × 5 =
2 × 6 =	3 × 6 =	4 × 6 =
2 × 7 =	3 × 7 =	4 × 7 =
2 × 8 =	3 × 8 =	4 × 8 =
2 × 9 =	3 × 9 =	4 × 9 =

1번 읽을때마다 하나씩 지우세요 !

거꾸로 2번 읽어보세요 !

※ 이제 충분히 연습했으니 다음으로 넘어 갑니다 !

제3장

곱셈구구 5단 ~ 7단을 익혀요 !

1초 만에 값이 나올까지 외우도록 합니다. 특히 7단은 더 노력해야 해요 !

하루 10분 구구단

5단~7단

곱셈구구 5단이란 ?

"5부터 시작해서 5씩 계속 더하면 나오는 수" = "5에 ×1, ×2,.. ,×9를 한 수"

+ + + + + + + +

곱셈구구 6단이란 ?

"6부터 시작해서 6씩 계속 더하면 나오는 수" = "6에 ×1, ×2,.. ,×9를 한 수"

+ + + + + + + +

곱셈구구 7단이란 ?

"7부터 시작해서 7씩 계속 더하면 나오는 수" = "7에 ×1, ×2,.. ,×9를 한 수"

+ + + + + + + +

곱셈구구 5단의 원리

월 일
시

소리내 풀기 5부터 시작해서 5씩 더해 가며 동그라미(○)로 표시해 보세요 !

+5

1	2	3	4	(5)	6	7	8	9	(10)
11	12	13	14	15	16	17	18	19	20
21	22	23	24	25	26	27	28	29	30
31	32	33	34	35	36	37	38	39	40
41	42	43	44	45	46	47	48	49	50

소리내 풀기 5씩 ■번 뛰어세기해서 동그라미(○)로 표시하고, 값을 적으세요 !

	5씩 ■번 뛰어세기	값
1번	0 (5)	5
2번	0 5 10	
3번	0 5 10 15	
4번	0 5 10 15 20	
5번	0 5 10 15 20 25	
6번	0 5 10 15 20 25 30	
7번	0 5 10 15 20 25 30 35	
8번	0 5 10 15 20 25 30 35 40	
9번	0 5 10 15 20 25 30 35 40 45	

+5 +5 +5 +5 +5 +5 +5 +5

5단

5부터 시작해서 5씩 커지는 수를 적어 보세요 !

5

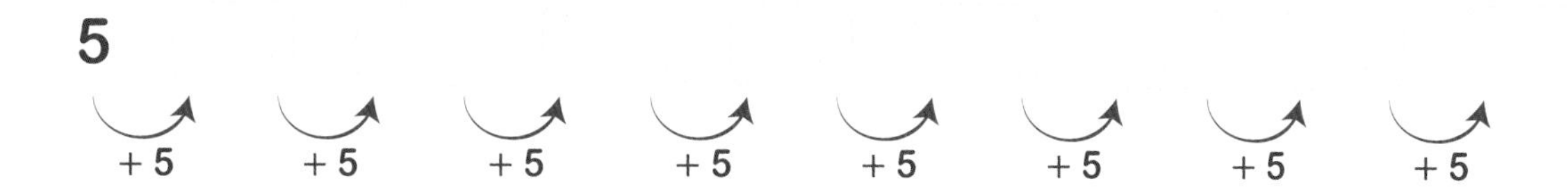

5씩 커지는 곱셈구구 5단 ! 덧셈식을 곱셈식으로 나타내세요 !

5씩 커지는 덧셈식	곱셈식으로 나타내기	
5	5 × 1 = 5 (더하는 수, 더하는 횟수)	+5
5 + 5 =	5 × ☐ =	+5
5 + 5 + 5 =	5 × ☐ =	+5
5 + 5 + 5 + 5 =	5 × ☐ =	+5
5 + 5 + 5 + 5 + 5 =	5 × ☐ =	+5
5 + 5 + 5 + 5 + 5 + 5 =	5 × ☐ =	+5
5 + 5 + 5 + 5 + 5 + 5 + 5 =	5 × ☐ =	+5
5 + 5 + 5 + 5 + 5 + 5 + 5 + 5 =	5 × ☐ =	+5
5 + 5 + 5 + 5 + 5 + 5 + 5 + 5 + 5 =	5 × ☐ =	

5단

곱셈구구 5단을 완성하고, 5번 읽어 보세요 !

곱셈구구 5단		읽기
5 × 1 = 5		오 일은 오
5 × 2 =	+5	오 이 십
5 × 3 =	+5	오 삼 십오
5 × 4 =	+5	오 사 이십
5 × 5 =	+5	오 오 이십오
5 × 6 =	+5	오 육 삼십
5 × 7 =	+5	오 칠 삼십오
5 × 8 =	+5	오 팔 사십
5 × 9 =	+5	오 구 사십오

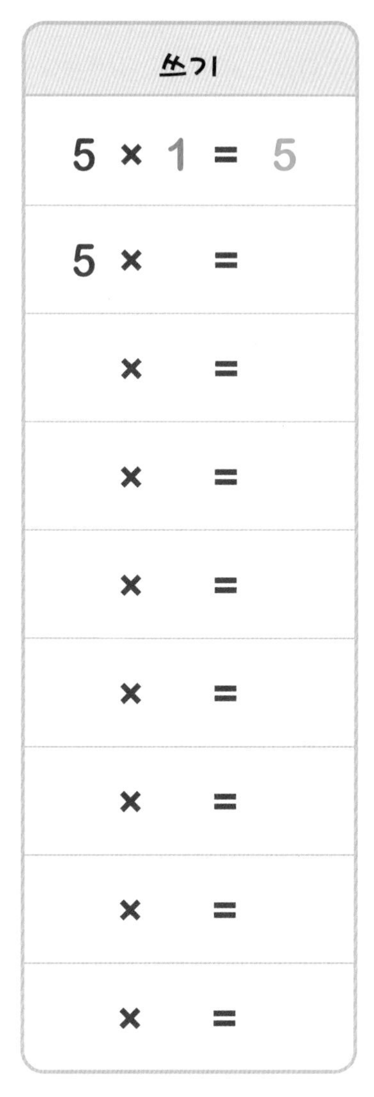

쓰기
5 × 1 = 5
5 × =
× =
× =
× =
× =
× =
× =
× =

1번 읽을때마다 하나씩 지우세요 !

거꾸로 3번 읽어보세요 !

곱셈구구 5단의 특징 !

❶ 수가 커질때마다 5씩 커집니다.

❷ 끝(일의 자리수)가 5, 0으로 끝납니다. ※ 시계의 분침을 생각하면 됩니다. 시계 분침 1 = 5분, 시계 분침 2 = 10분, ...

시계의 숫자 × 5

곱셈구구 5단을 소리내 외우며 아래 문제를 풀어 보세요 !

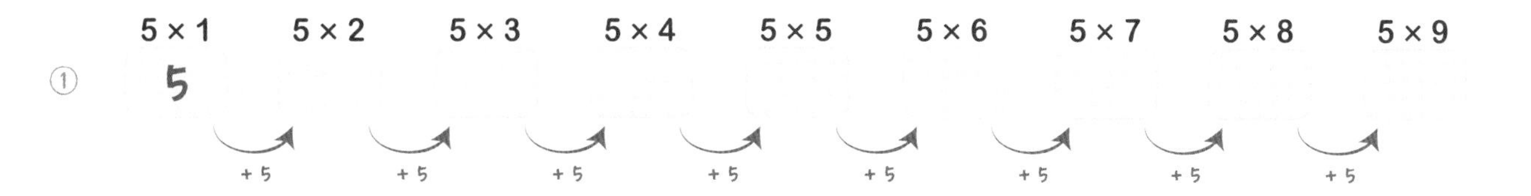

① 5 × 1   5 × 2   5 × 3   5 × 4   5 × 5   5 × 6   5 × 7   5 × 8   5 × 9

5

+ 5   + 5   + 5   + 5   + 5   + 5   + 5   + 5

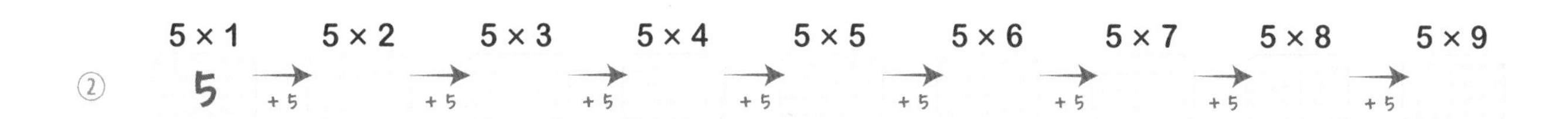

② 5 × 1   5 × 2   5 × 3   5 × 4   5 × 5   5 × 6   5 × 7   5 × 8   5 × 9

5 → + 5 → + 5 → + 5 → + 5 → + 5 → + 5 → + 5 → + 5

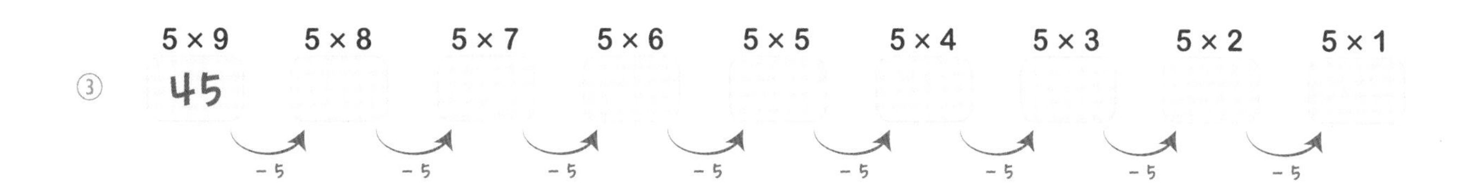

③ 5 × 9   5 × 8   5 × 7   5 × 6   5 × 5   5 × 4   5 × 3   5 × 2   5 × 1

45

- 5   - 5   - 5   - 5   - 5   - 5   - 5   - 5

④

×	1 (더하는 횟수)	2	3	4	5	6	7	8	9
5 (더하는 수)	5				25				

5×1=   5×2=

⑤ 곱셈구구 5단을 외우며 해당하는 숫자에 ○ 표 하세요 !

1	2	3	4	5	6	7	8	9	10
11	12	13	14	15	16	17	18	19	20
21	22	23	24	25	26	27	28	29	30
31	32	33	34	35	36	37	38	39	40
41	42	43	44	45	46	47	48	49	50

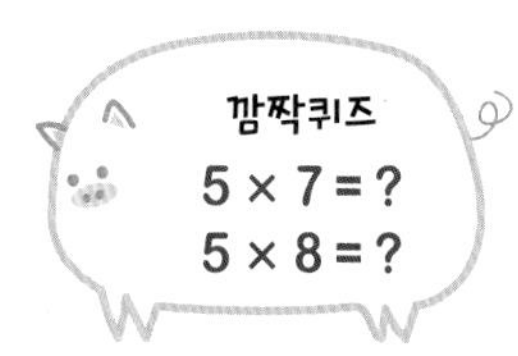

1초만에 생각나지 않았다면
2번 더 외우세요 !

5단

곱셈구구 5단의 연습(1)

아래 곱셈의 값을 구하세요 !

① 5 × 1 =

② 5 × 3 =

③ 5 × 7 =

④ 5 × 8 =

⑤ 5 × 4 =

⑥ 5 × 9 =

⑦ 5 × 5 =

⑧ 5 × 6 =

⑨ 5 × 2 =

⑩ 5 × 4 =

⑪ 5 × 9 =

⑫ 5 × 2 =

⑬ 5 × 6 =

⑭ 5 × 1 =

⑮ 5 × 3 =

⑯ 5 × 8 =

⑰ 5 × 7 =

⑱ 5 × 5 =

확인

곱셈구구 5단을 생각하며 아래 문제를 풀어 보세요 !

① 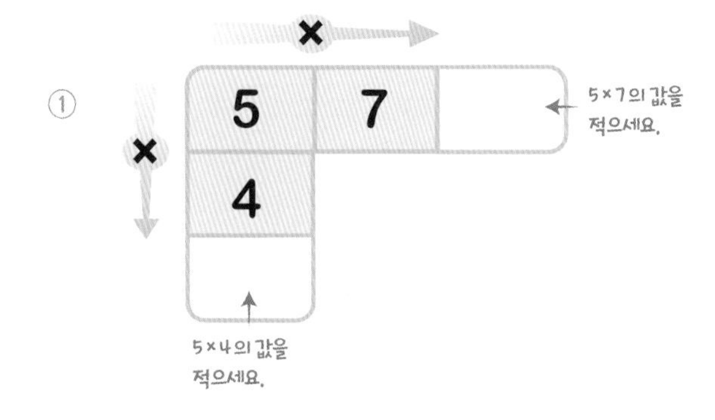

② 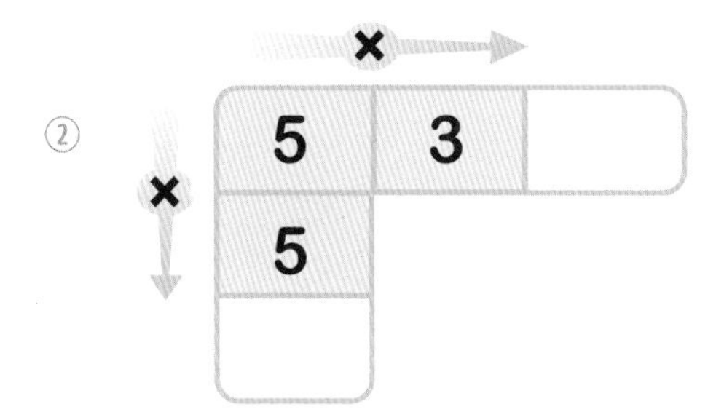

③ 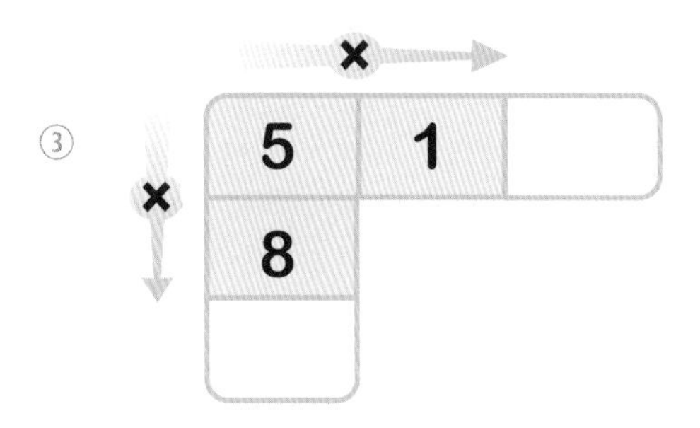

④ 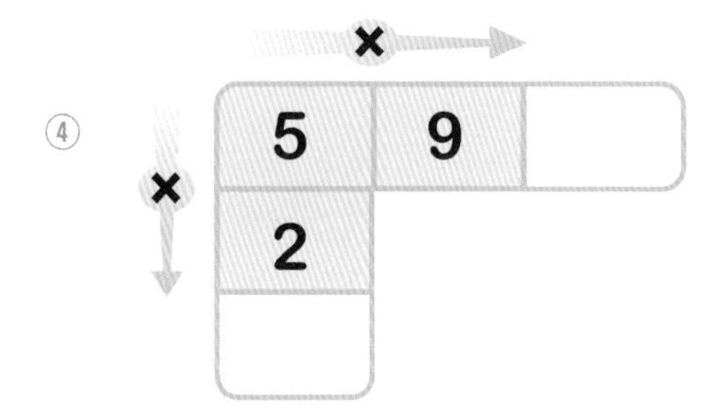

⑤ 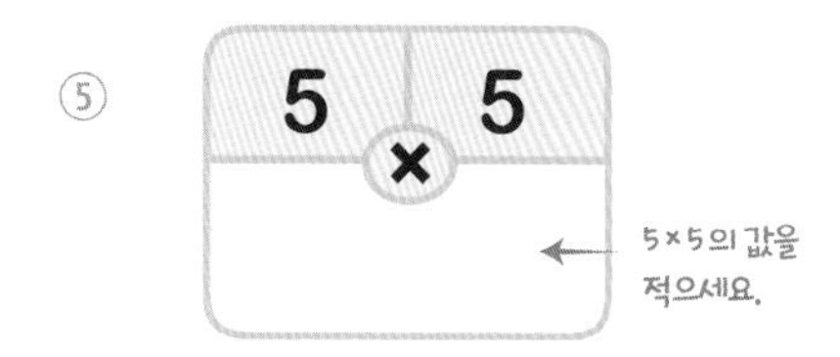

⑥ 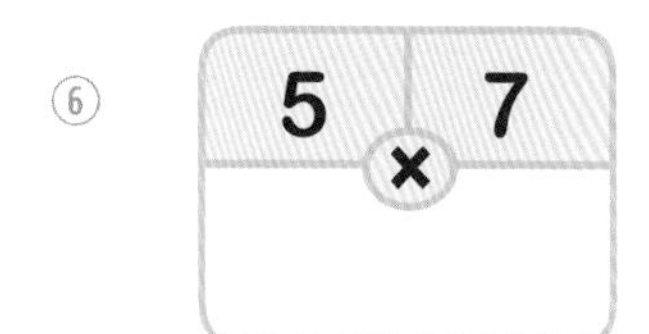

⑦ 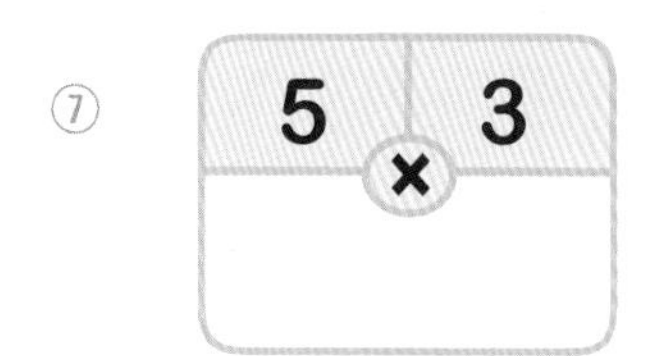

⑧ 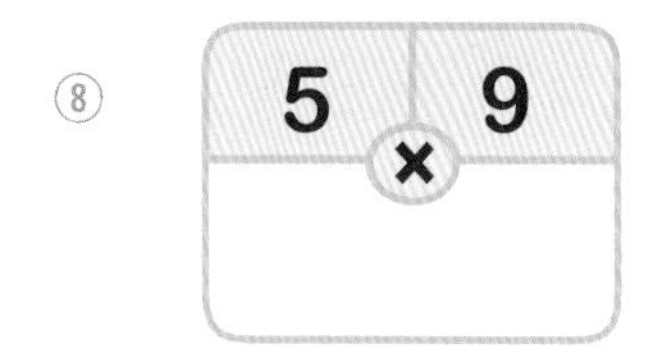

⑨ 

⑩ 

5단

곱셈구구 5단의 연습(2)

월 일
시

아래 곱셈구구 5단의 값을 옆에 적으세요 !

① 5 × 3 =

② 5 × 8 =

③ 5 × 1 =

④ 5 × 7 =

⑤ 5 × 6 =

⑥ 5 × 2 =

⑦ 5 × 5 =

⑧ 5 × 9 =

⑨ 5 × 4 =

⑩ 5 × 1 =

⑪ 5 × 7 =

⑫ 5 × 5 =

⑬ 5 × 4 =

⑭ 5 × 3 =

⑮ 5 × 8 =

⑯ 5 × 9 =

⑰ 5 × 2 =

⑱ 5 × 6 =

⑲ 5 × 5 =

⑳ 5 × 2 =

㉑ 5 × 8 =

㉒ 5 × 1 =

㉓ 5 × 9 =

㉔ 5 × 7 =

㉕ 5 × 6 =

㉖ 5 × 4 =

㉗ 5 × 3 =

확인

곱셈구구 5단을 생각하며, 아래 문제를 풀어보세요 !

① 5명씩 줄을 서서 7줄이 모였다면, 모인 사람은 모두 몇 명일까요 ?

7줄

5 명씩

식) 5 × 7 =

1줄당 사람수 / 줄 수

답) 명

② 한 손의 손가락은 5개입니다. 두 손을 활짝 펴면, 손가락은 몇 개일까요?

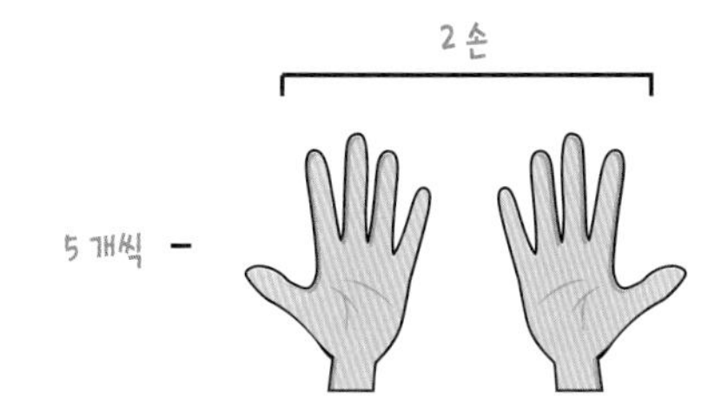

식) 5 × □ =

1 손당 손가락 수 / 손의 수

답) 개

③ 시계의 긴 바늘은 1 일때 5분, 2일때 10분, 3일때 15분,... 을 나타냅니다.
시계의 긴 바늘이 6을 가리킬 때는 몇 분일까요?

식) □ × □ =

숫자 1 일때 분 (숫자 1칸당 분) / 가리키는 숫자

답) 분

곱셈구구 5단을 정성들여 적고, 마무리 합니다 !

쓰기
5 × 1 = 5
5 × =
× =
× =
× =
× =
× =
× =
× =

이것으로 곱셈구구 5단을 완전히 익혔습니다.

이제 6단으로 넘어 갑니다 !

5 단

6부터 시작해서 6씩 더해 가며 동그라미(○)로 표시해 보세요!

+6

1	2	3	4	5	(6)	7	8	9	10
11	(12)	13	14	15	16	17	18	19	20
21	22	23	24	25	26	27	28	29	30
31	32	33	34	35	36	37	38	39	40
41	42	43	44	45	46	47	48	49	50
51	52	53	54	55	56	57	58	59	60

6씩 ■번 뛰어세기해서 동그라미(○)로 표시하고, 값을 적으세요!

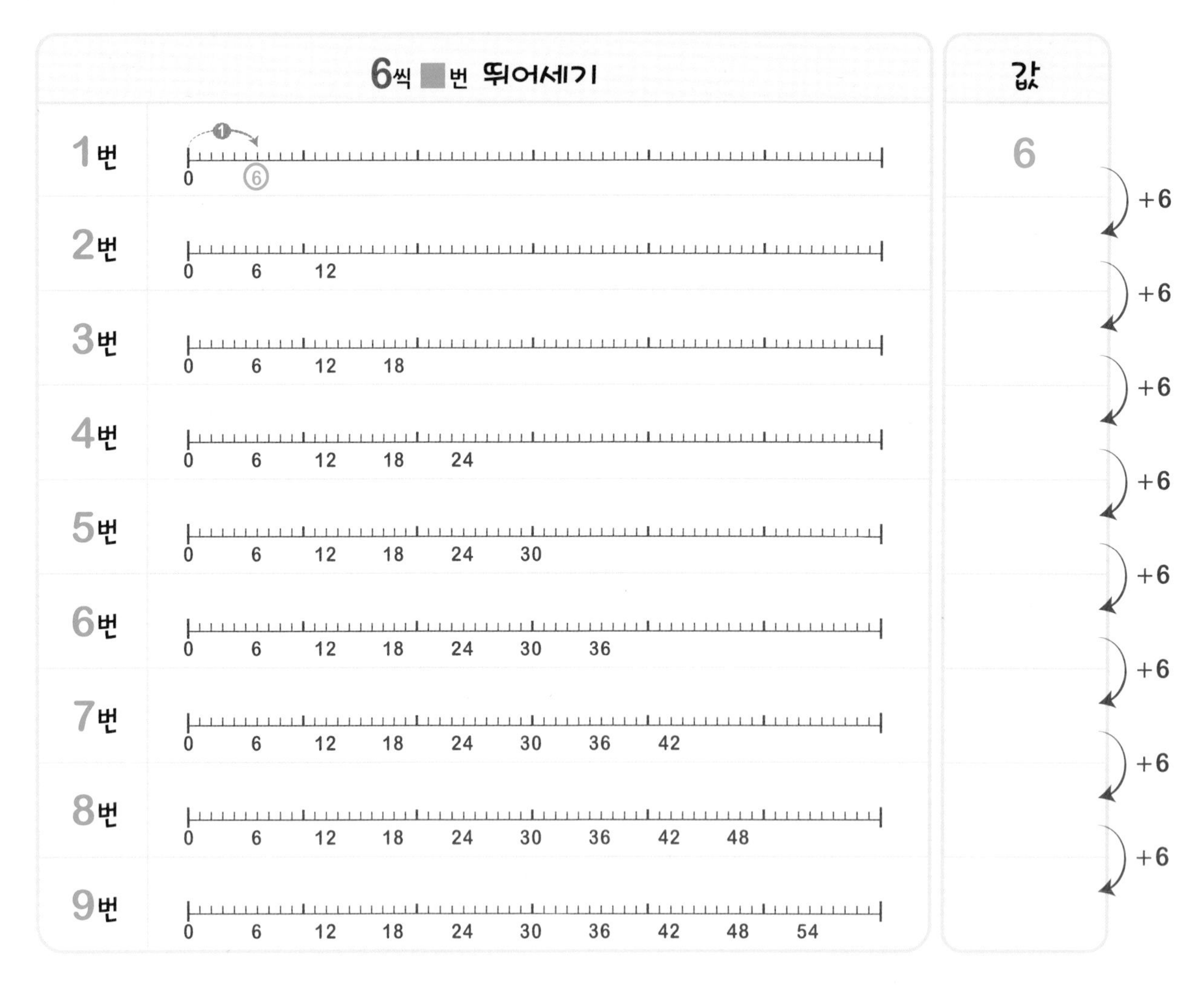

6부터 시작해서 6씩 커지는 수를 적어 보세요 !

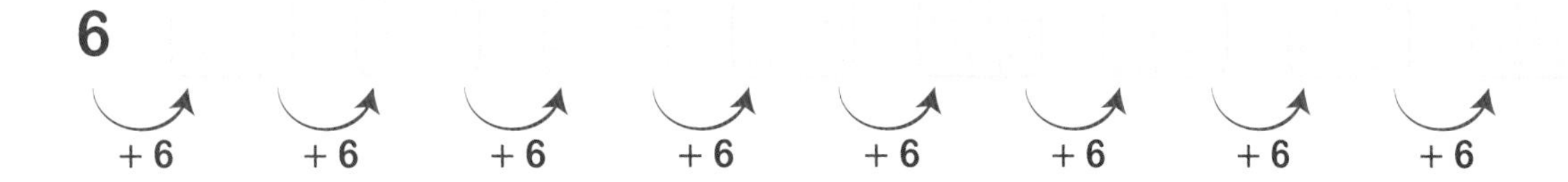

6씩 커지는 곱셈구구 6단 ! 덧셈식을 곱셈식으로 나타내세요 !

6씩 커지는 덧셈식	곱셈식으로 나타내기
6	6 × 1 = 6 (더하는 수, 더하는 횟수)
6 + 6 =	6 × □ =
6 + 6 + 6 =	6 × □ =
6 + 6 + 6 + 6 =	6 × □ =
6 + 6 + 6 + 6 + 6 =	6 × □ =
6 + 6 + 6 + 6 + 6 + 6 =	6 × □ =
6 + 6 + 6 + 6 + 6 + 6 + 6 =	6 × □ =
6 + 6 + 6 + 6 + 6 + 6 + 6 + 6 =	6 × □ =
6 + 6 + 6 + 6 + 6 + 6 + 6 + 6 + 6 =	6 × □ =

+6 +6 +6 +6 +6 +6 +6 +6

6 단

곱셈구구 6단의 익히기

월 일 시

곱셈구구 6단을 완성하고, 5번 읽어 보세요 !

곱셈구구 6단		읽기
6 × 1 = 6		육 일 은 육
6 × 2 =	+6	육 이 십이
6 × 3 =	+6	육 삼 십팔
6 × 4 =	+6	육 사 이십사
6 × 5 =	+6	육 오 삼십
6 × 6 =	+6	육 육 삼십육
6 × 7 =	+6	육 칠 사십이
6 × 8 =	+6	육 팔 사십팔
6 × 9 =	+6	육 구 오십사

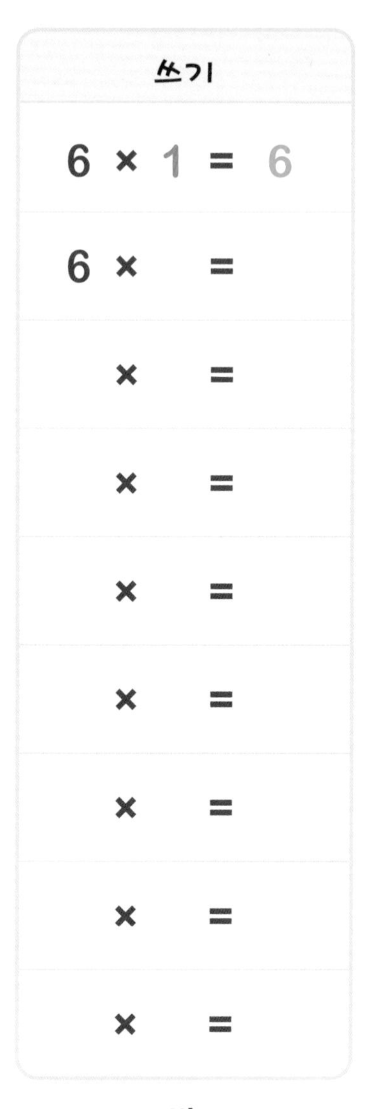

1번 읽을때마다 하나씩 지우세요 !

거꾸로 3번 읽어보세요 !

곱셈구구 6단의 특징 !

❶ 수가 커질때마다 6씩 커집니다.

※ 2배 = 어떤 수 × 2 = 어떤수의 2배

6배 = 어떤 수 × 6 = 어떤수의 6배 ...

❷ 곱셈구구 3단의 2배입니다. ×2

※ 2배수 = 어떤 수 × 2의 값이 되는 수 = 어떤수의 2배가 되는 수

6배수 = 어떤 수 × 6의 값이 되는 수 = 어떤수의 6배가 되는 수 ...

※ 6배 = 6배수

6 단

곱셈구구 6단을 소리내 외우며 아래 문제를 풀어 보세요 !

①

6 × 1	6 × 2	6 × 3	6 × 4	6 × 5	6 × 6	6 × 7	6 × 8	6 × 9
6								

+ 6 + 6 + 6 + 6 + 6 + 6 + 6 + 6

②

6 × 1	6 × 2	6 × 3	6 × 4	6 × 5	6 × 6	6 × 7	6 × 8	6 × 9
6								

+ 6 + 6 + 6 + 6 + 6 + 6 + 6 + 6

③

6 × 9	6 × 8	6 × 7	6 × 6	6 × 5	6 × 4	6 × 3	6 × 2	6 × 1
54								

− 6 − 6 − 6 − 6 − 6 − 6 − 6 − 6

④

×	1 더하는 횟수	2	3	4	5	6	7	8	9
6 더하는 수	6				30				

6×1= 6×2=

곱셈구구 6단을 외우며 해당하는 숫자에 ○ 표 하세요 !

⑤

1	2	3	4	5	(6)	7	8	9	10
11	(12)	13	14	15	16	17	18	19	20
21	22	23	24	25	26	27	28	29	30
31	32	33	34	35	36	37	38	39	40
41	42	43	44	45	46	47	48	49	50
51	52	53	54	55	56	57	58	59	60

깜짝퀴즈

6 × 6 = ?

6 × 8 = ?

1초만에 생각나지 않았다면

2번 더 외우세요 !

6단

곱셈구구 6단의 연습(1)

월 일 시

아래 곱셈의 값을 구하세요 !

① $6 \times 1 =$

② $6 \times 3 =$

③ $6 \times 7 =$

④ $6 \times 8 =$

⑤ $6 \times 4 =$

⑥ $6 \times 9 =$

⑦ $6 \times 5 =$

⑧ $6 \times 6 =$

⑨ $6 \times 2 =$

⑩ $6 \times 4 =$

⑪ $6 \times 9 =$

⑫ $6 \times 2 =$

⑬ $6 \times 6 =$

⑭ $6 \times 1 =$

⑮ $6 \times 3 =$

⑯ $6 \times 8 =$

⑰ $6 \times 7 =$

⑱ $6 \times 5 =$

곱셈구구 6단을 생각하며 아래 문제를 풀어 보세요 !

①
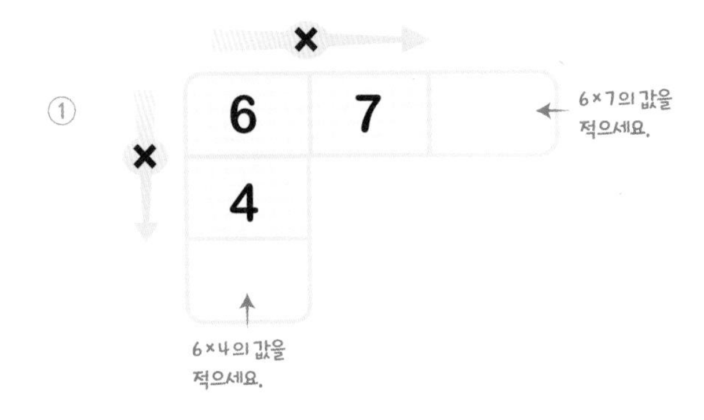

②
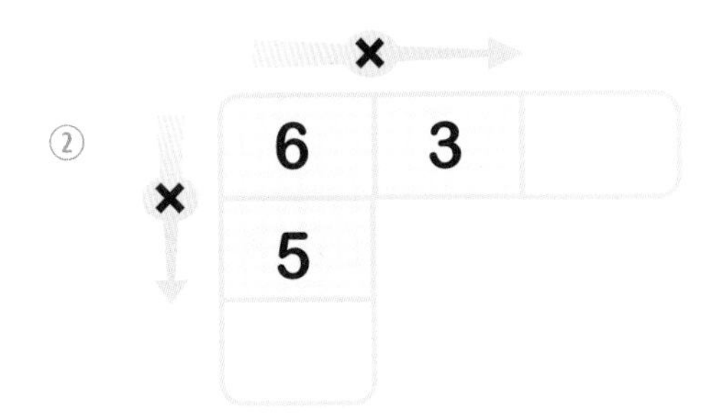

③
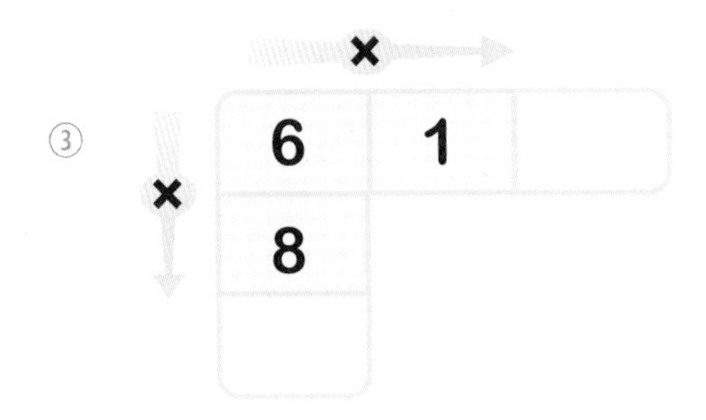

④
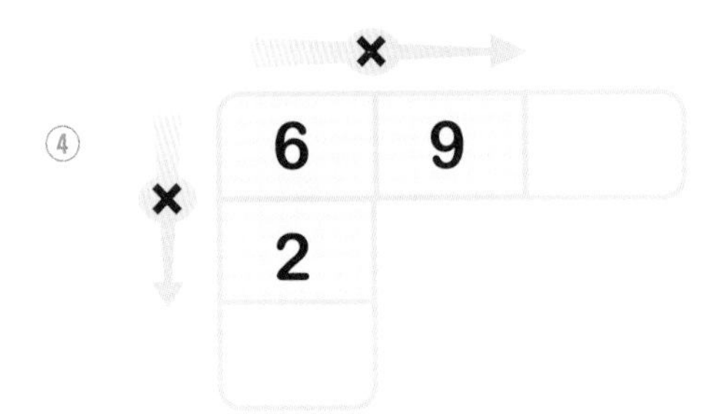

⑤
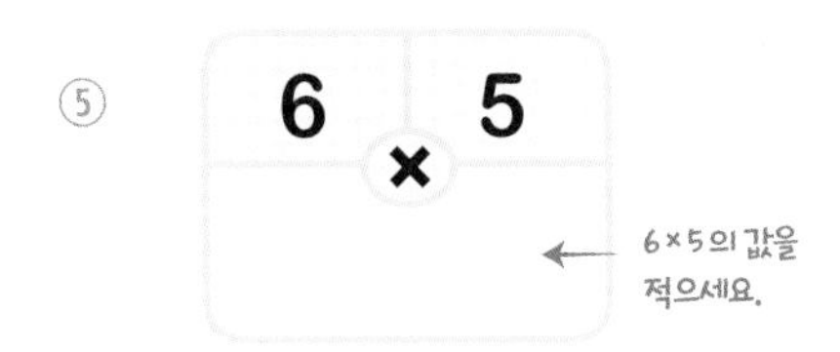

⑥
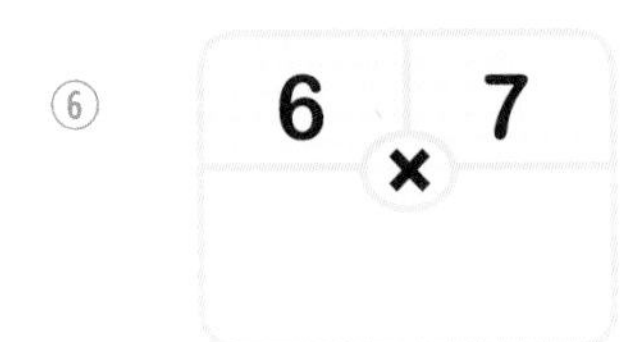

⑦
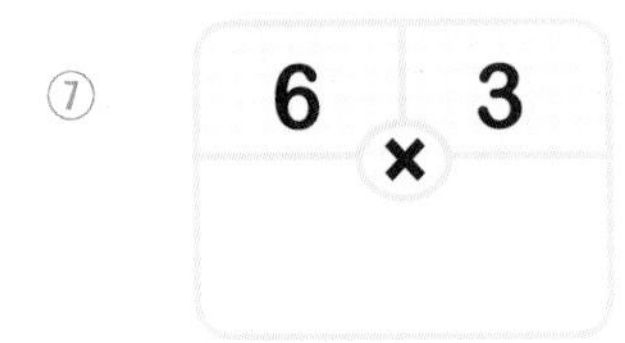

⑧
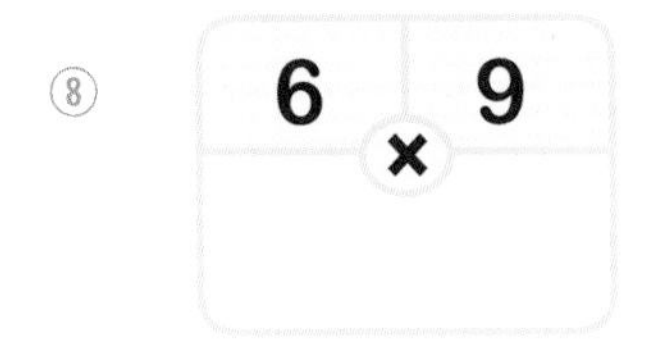

⑨ 6 × 6

⑩ 6 × 8

6단

곱셈구구 6단의 연습(2)

아래 곱셈구구 6단의 값을 옆에 적으세요 !

① $6 \times 3 =$

② $6 \times 8 =$

③ $6 \times 1 =$

④ $6 \times 7 =$

⑤ $6 \times 6 =$

⑥ $6 \times 2 =$

⑦ $6 \times 5 =$

⑧ $6 \times 9 =$

⑨ $6 \times 4 =$

⑩ $6 \times 1 =$

⑪ $6 \times 7 =$

⑫ $6 \times 5 =$

⑬ $6 \times 4 =$

⑭ $6 \times 3 =$

⑮ $6 \times 8 =$

⑯ $6 \times 9 =$

⑰ $6 \times 2 =$

⑱ $6 \times 6 =$

⑲ $6 \times 5 =$

⑳ $6 \times 2 =$

㉑ $6 \times 8 =$

㉒ $6 \times 1 =$

㉓ $6 \times 9 =$

㉔ $6 \times 7 =$

㉕ $6 \times 6 =$

㉖ $6 \times 4 =$

㉗ $6 \times 3 =$

곱셈구구 6단을 생각하며 아래 문제를 풀어 보세요 !

①
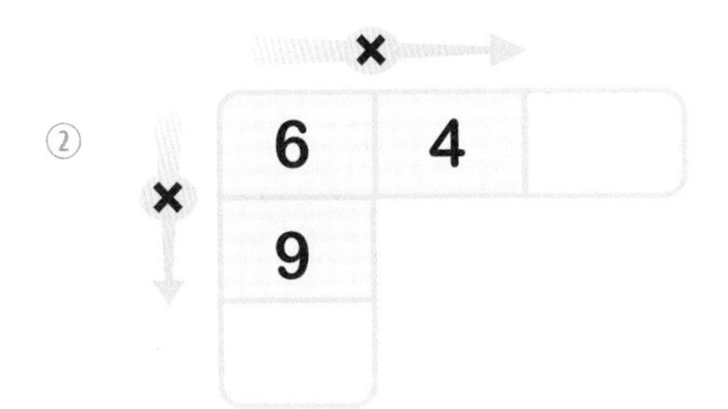

②
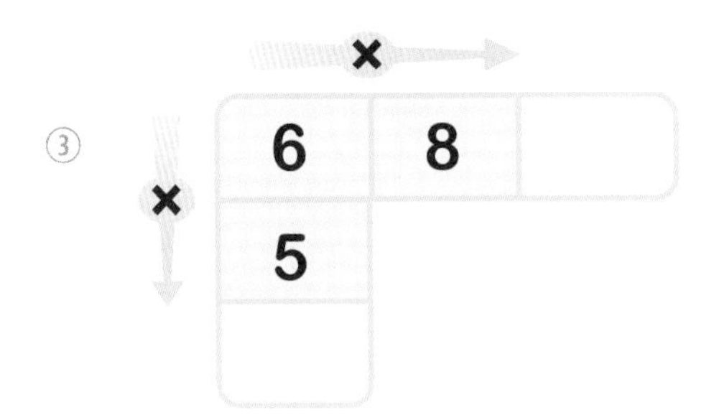

③
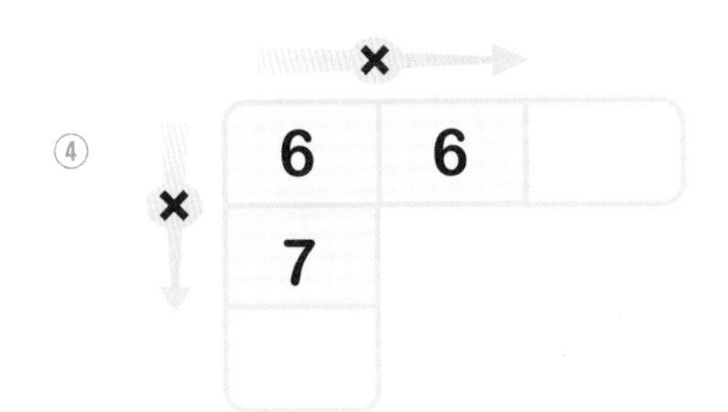

④ 6 × 6, 6 × 7

⑤
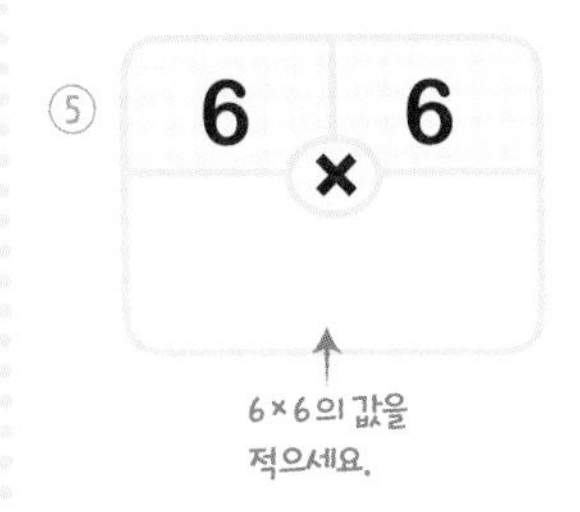

⑥
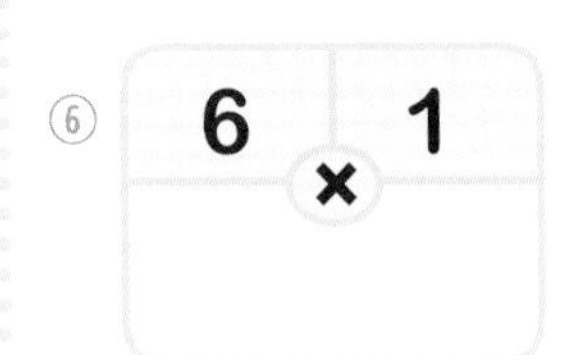

⑦
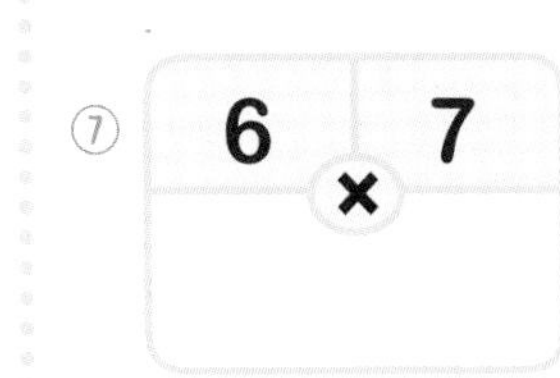

⑧
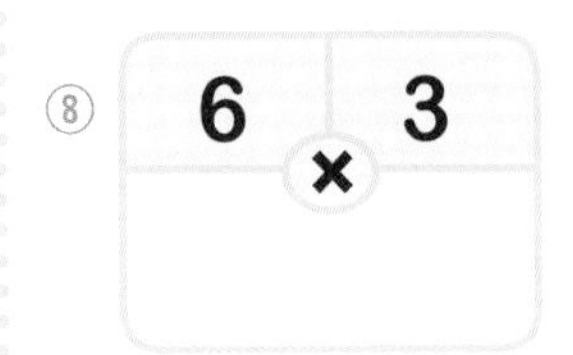

⑨
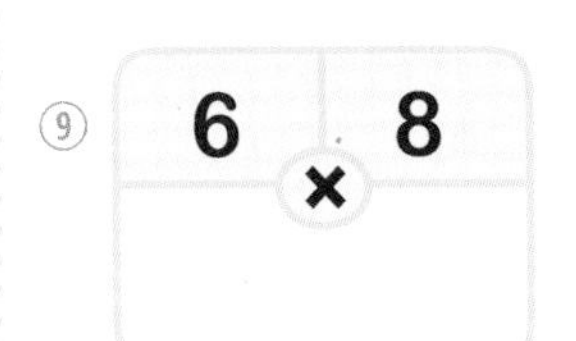

⑩ 6 × 2

⑪
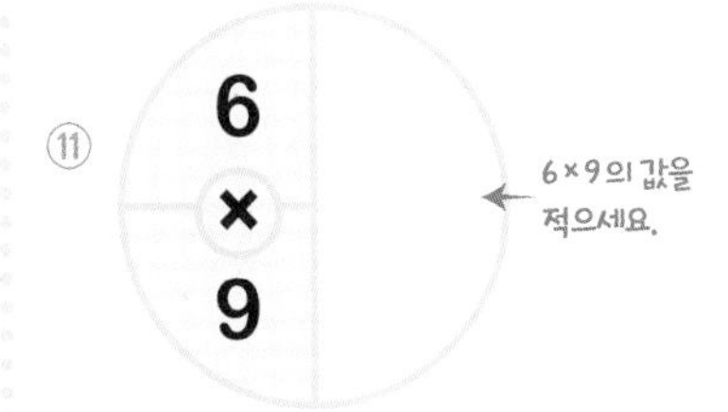

⑫
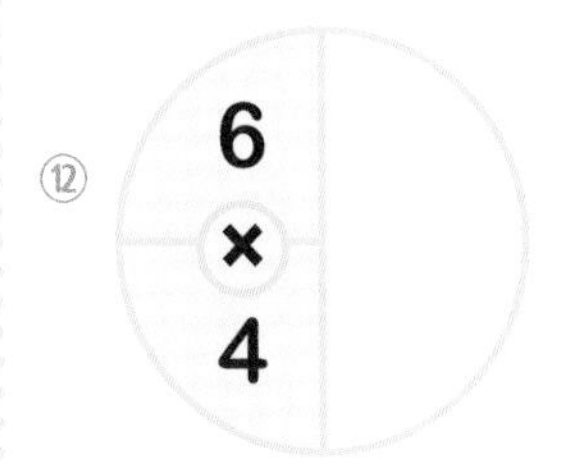

⑬
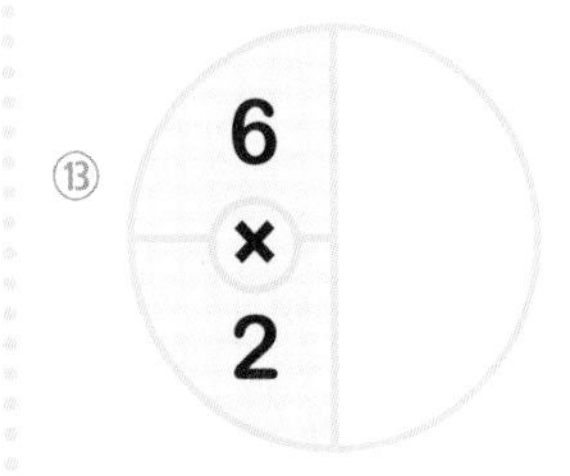

⑭
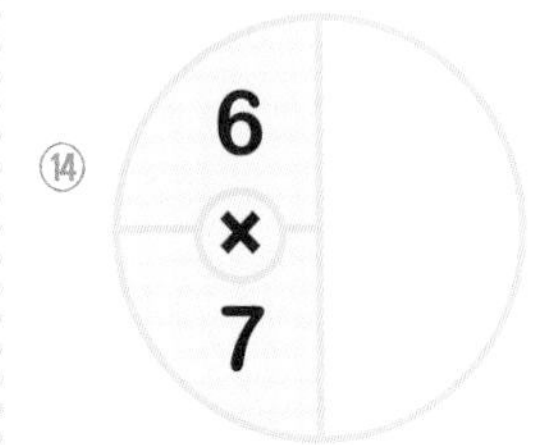

⑮
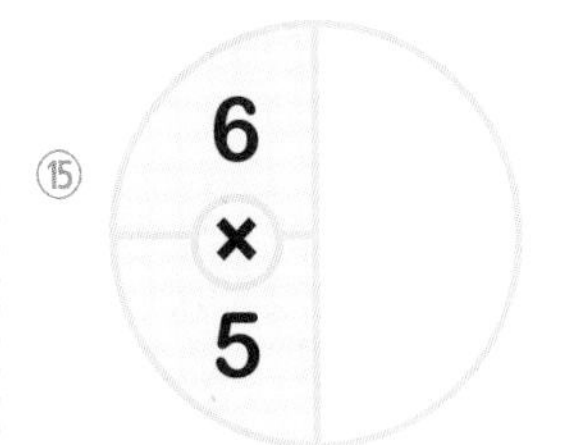

⑯
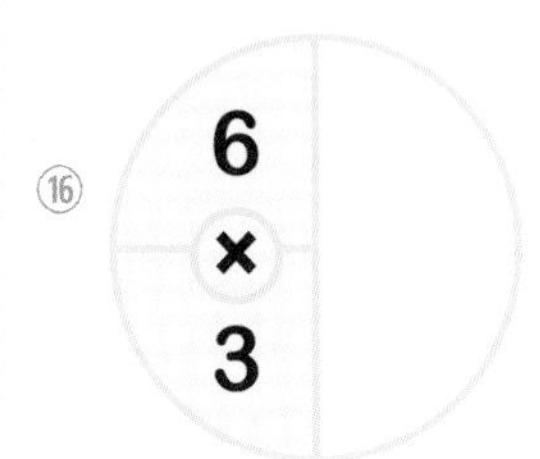

6단

곱셈구구 6단의 연습(3)

월 일 시

소리내 풀기 아래 곱셈구구 6단의 값을 옆에 적으세요 !

① 6 × 4 =

② 6 × 2 =

③ 6 × 6 =

④ 6 × 8 =

⑤ 6 × 1 =

⑥ 6 × 9 =

⑦ 6 × 7 =

⑧ 6 × 5 =

⑨ 6 × 3 =

⑩ 6 × 6 =

⑪ 6 × 1 =

⑫ 6 × 4 =

⑬ 6 × 7 =

⑭ 6 × 3 =

⑮ 6 × 2 =

⑯ 6 × 8 =

⑰ 6 × 9 =

⑱ 6 × 5 =

⑲ 6 × 7 =

⑳ 6 × 3 =

㉑ 6 × 8 =

㉒ 6 × 5 =

㉓ 6 × 6 =

㉔ 6 × 9 =

㉕ 6 × 1 =

㉖ 6 × 2 =

㉗ 6 × 4 =

곱셈구구 6단을 생각하며 아래 문제를 풀어 보세요 !

① 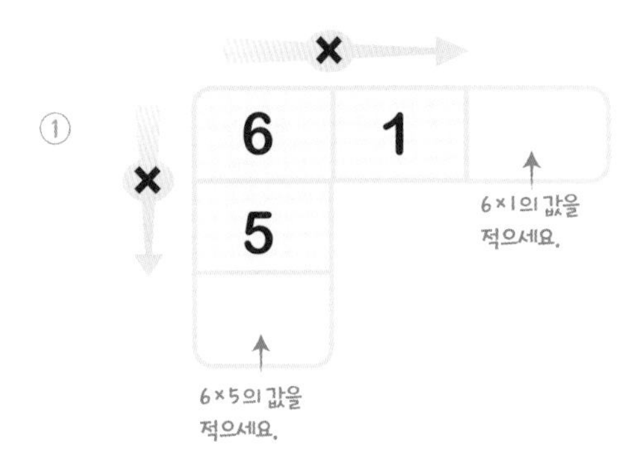

② 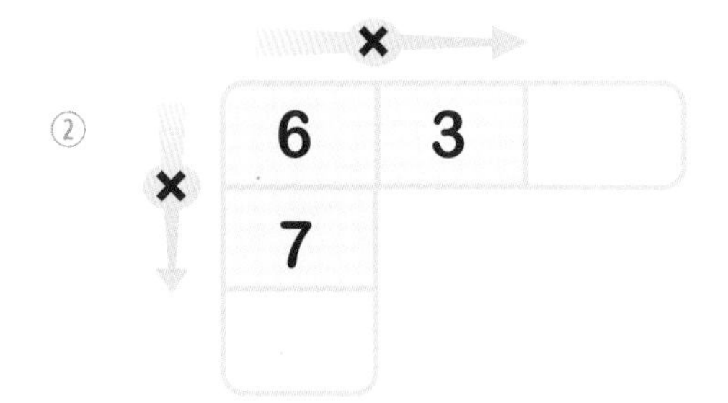

③ 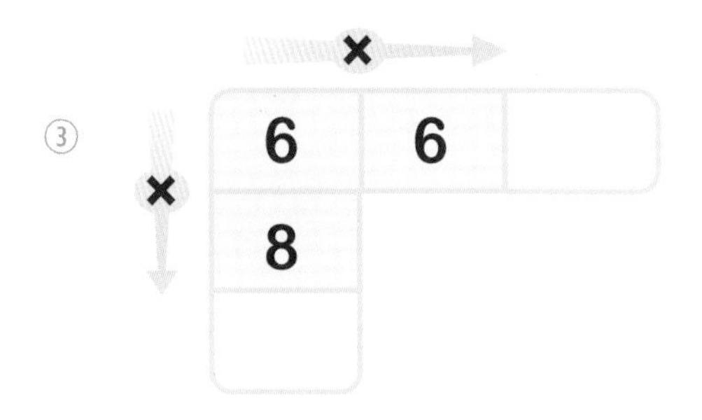

④ 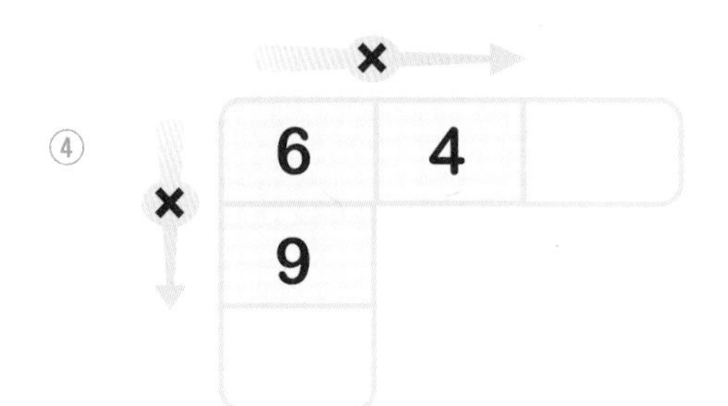

⑤ 

⑥ 

⑦ 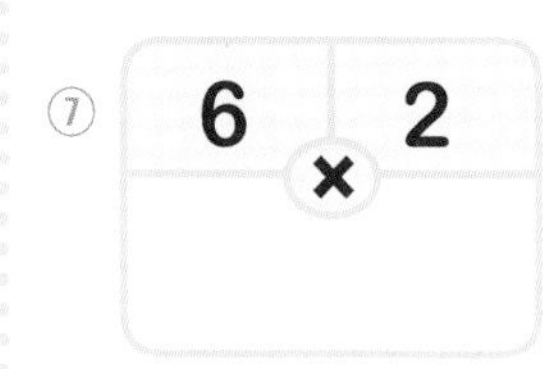

⑧ 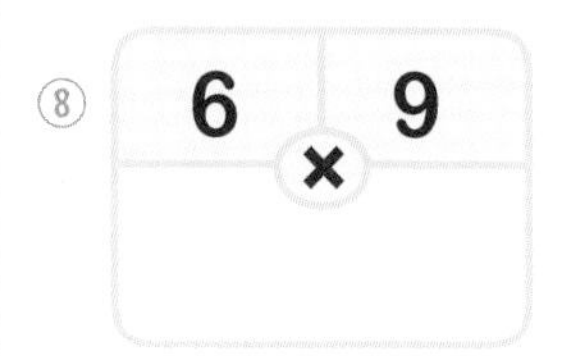

⑨ 

⑩ 

⑪ 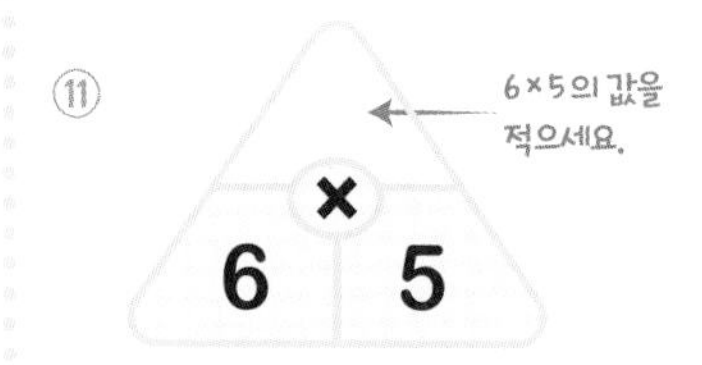

⑫ 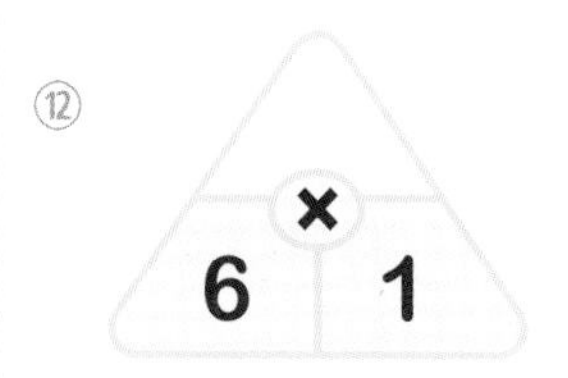

⑬ 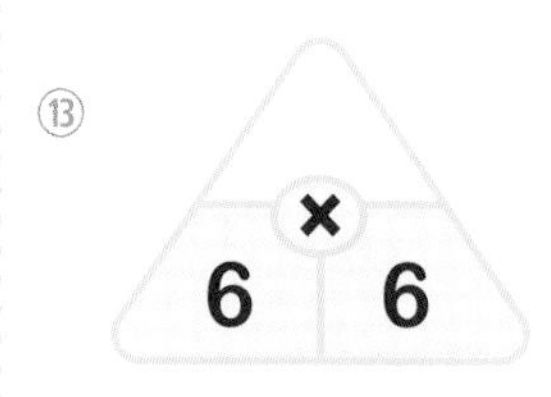

⑭ 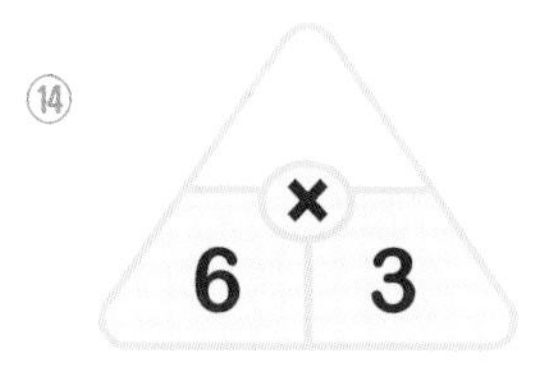

⑮ 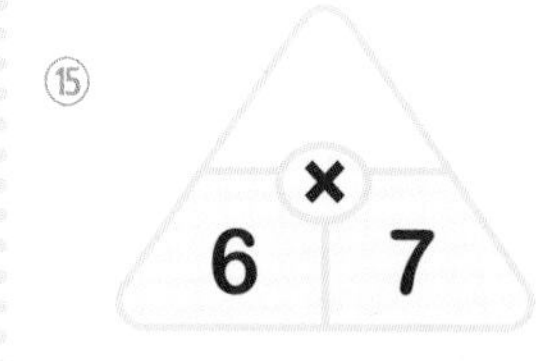

⑯ 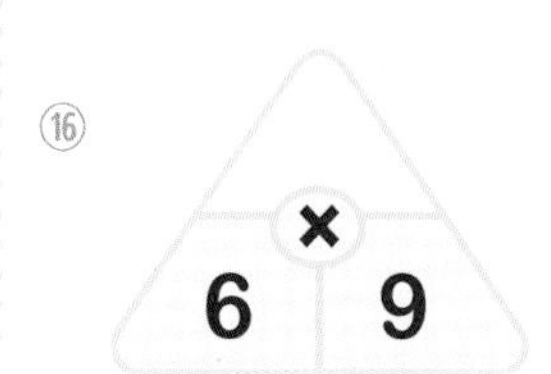

곱셈구구 6단의 연습(4)

소리내 풀기 아래 곱셈구구 6단의 값을 옆에 적으세요 !

① 6 × 2 =

② 6 × 5 =

③ 6 × 8 =

④ 6 × 3 =

⑤ 6 × 7 =

⑥ 6 × 6 =

⑦ 6 × 1 =

⑧ 6 × 9 =

⑨ 6 × 4 =

⑩ 6 × 7 =

⑪ 6 × 3 =

⑫ 6 × 1 =

⑬ 6 × 4 =

⑭ 6 × 2 =

⑮ 6 × 9 =

⑯ 6 × 8 =

⑰ 6 × 5 =

⑱ 6 × 6 =

⑲ 6 × 9 =

⑳ 6 × 5 =

㉑ 6 × 2 =

㉒ 6 × 7 =

㉓ 6 × 4 =

㉔ 6 × 1 =

㉕ 6 × 3 =

㉖ 6 × 6 =

㉗ 6 × 8 =

곱셈구구 6단을 생각하며, 아래 문제를 풀어보세요 !

① 6명씩 줄을 서서 8줄이 모였다면, 모인 사람은 모두 몇 명일까요 ?

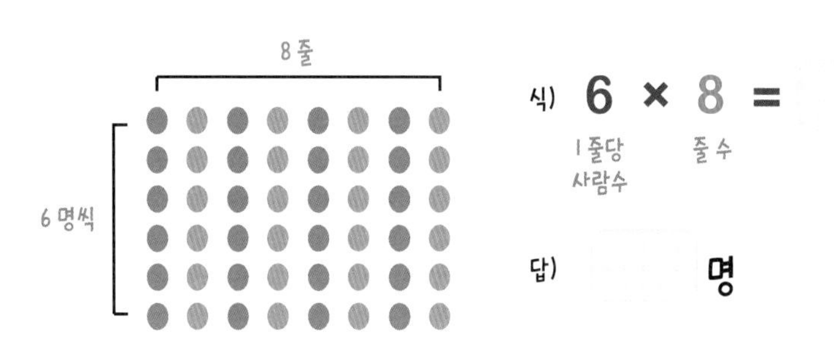

식) 6 × 8 =

1줄당 사람수 / 줄 수

답) 명

② 바퀴가 6개씩 달린 기차가 7대 있습니다. 바퀴 수는 모두 몇 개 일까요?

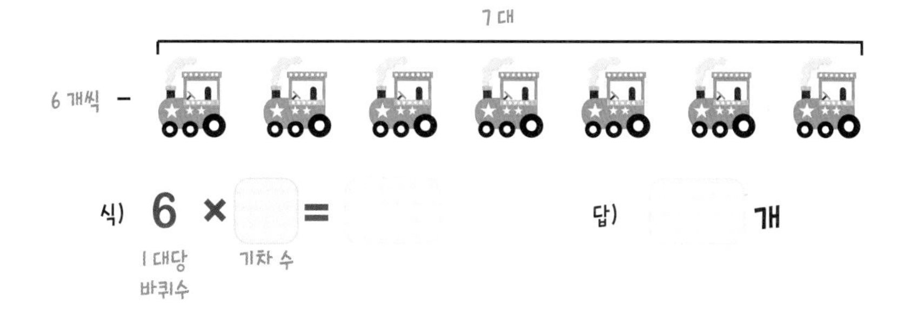

식) 6 × =

1대당 바퀴수 / 기차 수

답) 개

③ 1주일에 책을 6권씩 읽기로 했습니다. 4주가 지나면 몇 권을 읽었을까요 ?

4주

6권씩

식) × =

1주당 책의 수 / 주의 수

답) 권

곱셈구구 6단을 정성들여 적고, 마무리 합니다 !

쓰기
6 × 1 = 6
6 × =
× =
× =
× =
× =
× =
× =
× =

이것으로 **곱셈구구 6 단**을 완전히 익혔습니다.

이제 **7 단**으로 넘어 갑니다 !

6단

곱셈구구 7단의 원리

월 일 시

7부터 시작해서 7씩 더해 가며 동그라미(○)로 표시해 보세요!

+7

1	2	3	4	5	6	7	8	9	10
11	12	13	14	15	16	17	18	19	20
21	22	23	24	25	26	27	28	29	30
31	32	33	34	35	36	37	38	39	40
41	42	43	44	45	46	47	48	49	50
51	52	53	54	55	56	57	58	59	60
61	62	63	64	65	66	67	68	69	70

7씩 ■번 뛰어세기해서 동그라미(○)로 표시하고, 값을 적으세요!

	7씩 ■번 뛰어세기	값
1번	0 7	7
2번	0 7 14	
3번	0 7 14 21	
4번	0 7 14 21 28	
5번	0 7 14 21 28 35	
6번	0 7 14 21 28 35 42	
7번	0 7 14 21 28 35 42 49	
8번	0 7 14 21 28 35 42 49 56	
9번	0 7 14 21 28 35 42 49 56 63	

+7 +7 +7 +7 +7 +7 +7 +7

소리내 풀기 7부터 시작해서 7씩 커지는 수를 적어 보세요 !

7

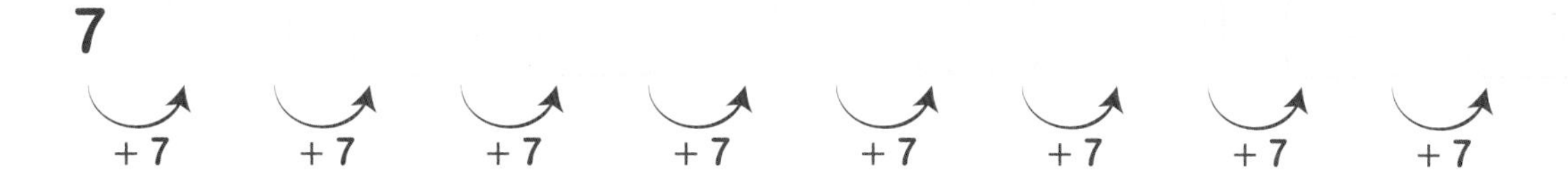

소리내 풀기 7씩 커지는 곱셈구구 7단 ! 덧셈식을 곱셈식으로 나타내세요 !

7씩 커지는 덧셈식	곱셈식으로 나타내기
7	7 × 1 = 7 (더하는 수, 더하는 횟수)
7 + 7 =	7 × =
7 + 7 + 7 =	7 × =
7 + 7 + 7 + 7 =	7 × =
7 + 7 + 7 + 7 + 7 =	7 × =
7 + 7 + 7 + 7 + 7 + 7 =	7 × =
7 + 7 + 7 + 7 + 7 + 7 + 7 =	7 × =
7 + 7 + 7 + 7 + 7 + 7 + 7 + 7 =	7 × =
7 + 7 + 7 + 7 + 7 + 7 + 7 + 7 + 7 =	7 × =

+7 +7 +7 +7 +7 +7 +7 +7

7단

월 일 시

곱셈구구 7단을 완성하고, 6번 읽어 보세요 !

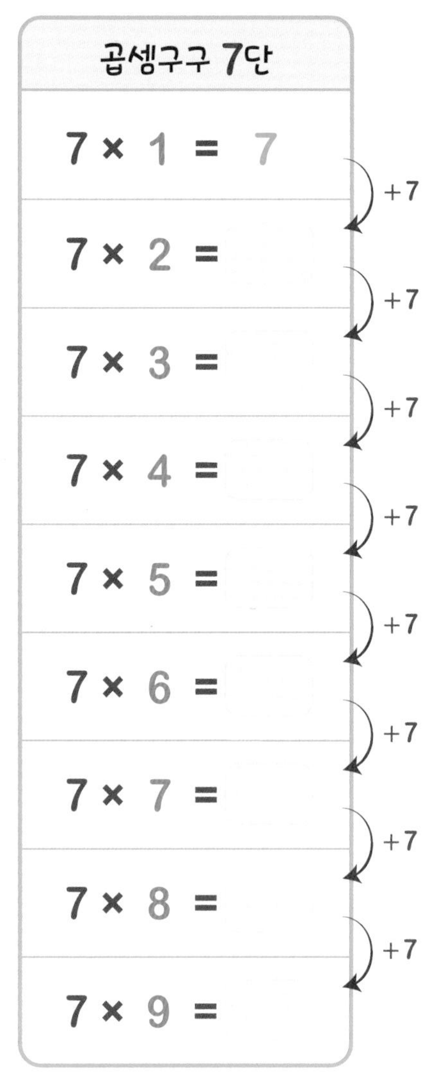

읽기
칠 일 은 칠
칠 이 십사
칠 삼 이십일
칠 사 이십팔
칠 오 삼십오
칠 육 사십이 42
칠 칠 사십구 49
칠 팔 오십육 56
칠 구 육십삼

1번 읽을때마다 하나씩 지우세요 !

거꾸로 4번 읽어보세요 !

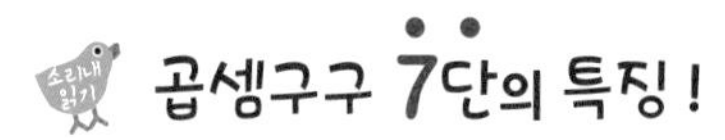

곱셈구구 7단의 특징 !

❶ 수가 커질때마다 7 씩 커집니다.

❷ 7×6=42, 7×7=49, 7×8=56은 잘 틀리기 쉽습니다. 3번 더 읽어 보세요 !

곱셈구구 7단을 소리내 외우며 아래 문제를 풀어 보세요 !

① 7 × 1 7 × 2 7 × 3 7 × 4 7 × 5 7 × 6 7 × 7 7 × 8 7 × 9

7

② 7 × 1 7 × 2 7 × 3 7 × 4 7 × 5 7 × 6 7 × 7 7 × 8 7 × 9

7 → +7 → +7 → +7 → +7 → +7 → +7 → +7 → +7

③ 7 × 9 7 × 8 7 × 7 7 × 6 7 × 5 7 × 4 7 × 3 7 × 2 7 × 1

63

④

×	1 (더하는 횟수)	2	3	4	5	6	7	8	9
7 (더하는 수)	7				35				

↑ 7×1= ↑ 7×2=

⑤ 곱셈구구 7단을 외우며 해당하는 숫자에 ◯ 표 하세요 !

1	2	3	4	5	6	(7)	8	9	10
11	12	13	(14)	15	16	17	18	19	20
21	22	23	24	25	26	27	28	29	30
31	32	33	34	35	36	37	38	39	40
41	42	43	44	45	46	47	48	49	50
51	52	53	54	55	56	57	58	59	60
61	62	63	64	65	66	67	68	69	70

1초만에 생각나지 않았다면
2번 더 외우세요 !

곱셈구구 7단의 연습(1)

월 일
시

아래 곱셈의 값을 구하세요 !

① $7 \times 1 =$

② $7 \times 3 =$

③ $7 \times 7 =$

④ $7 \times 8 =$

⑤ $7 \times 4 =$

⑥ $7 \times 9 =$

⑦ $7 \times 5 =$

⑧ $7 \times 6 =$

⑨ $7 \times 2 =$

⑩ $7 \times 4 =$

⑪ $7 \times 9 =$

⑫ $7 \times 2 =$

⑬ $7 \times 6 =$

⑭ $7 \times 1 =$

⑮ $7 \times 3 =$

⑯ $7 \times 8 =$

⑰ $7 \times 7 =$

⑱ $7 \times 5 =$

곱셈구구 7단을 생각하며 아래 문제를 풀어 보세요 !

① 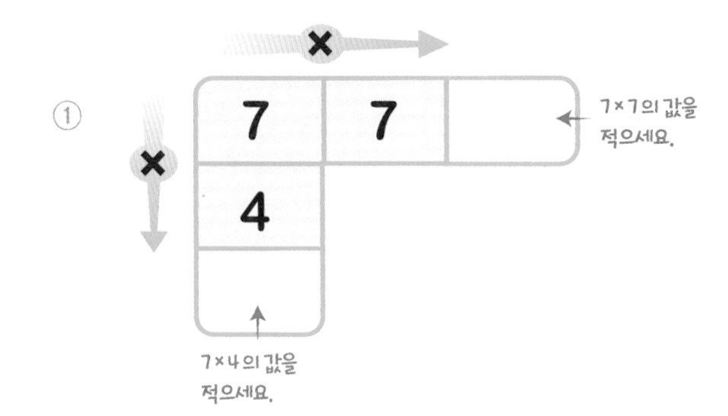

② 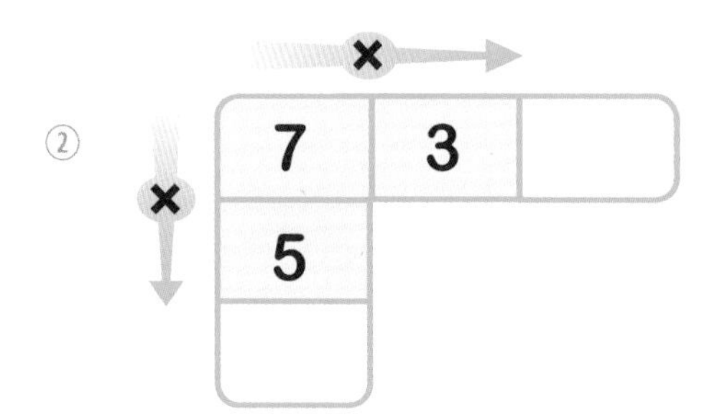

③ 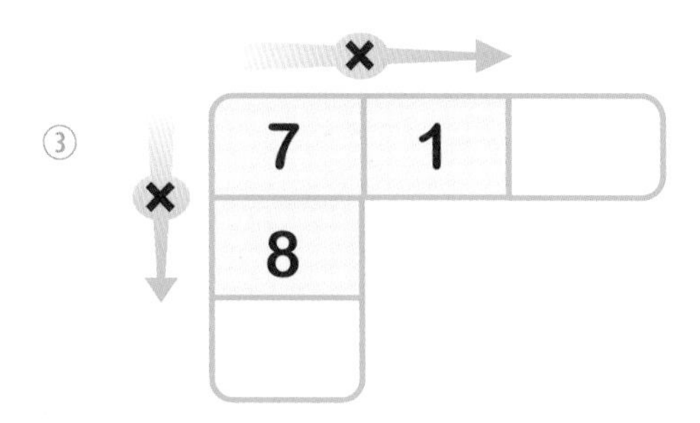

④ 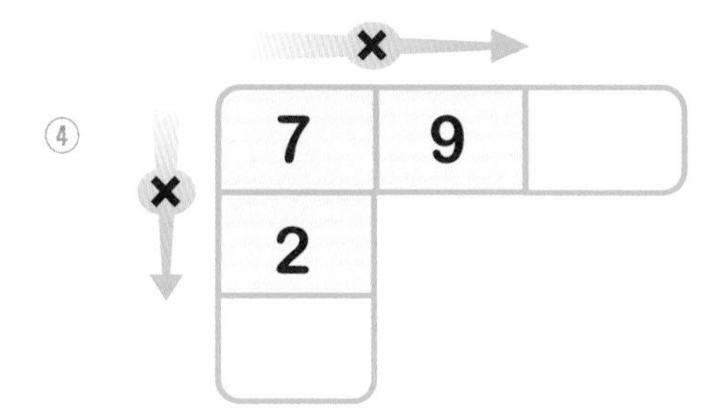

⑤ 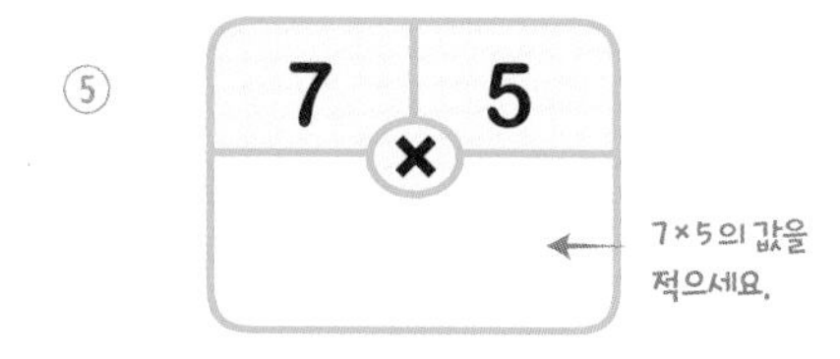

⑥ 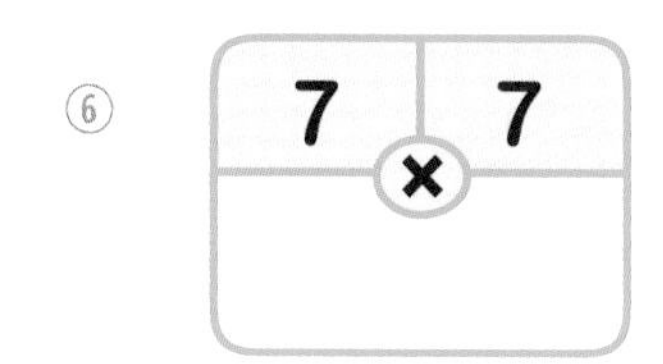

⑦ 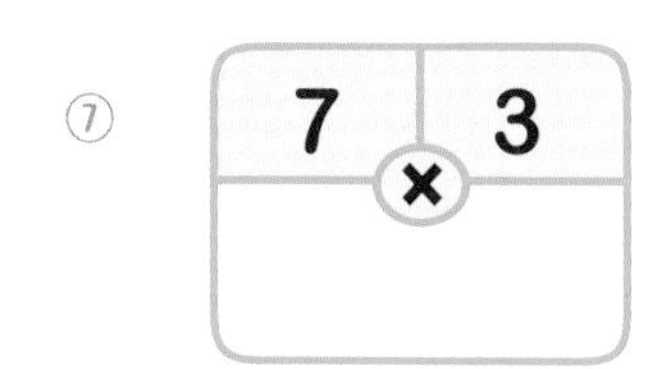

⑧ 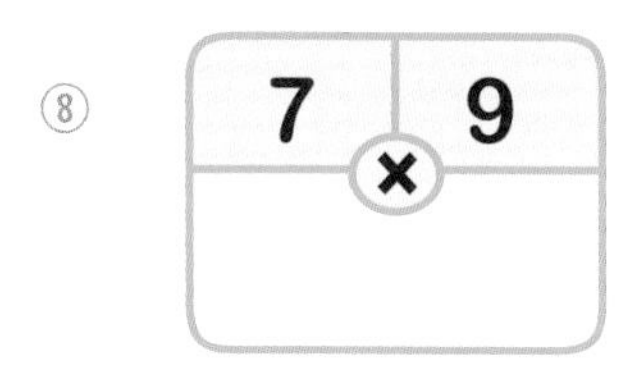

⑨ 

⑩ 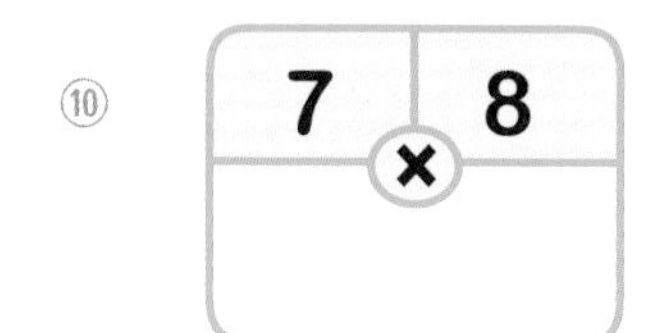

곱셈구구 7단의 연습(2)

월 일
시

소리내 풀기 아래 곱셈구구 7단의 값을 옆에 적으세요 !

① 7 × 3 =

② 7 × 8 =

③ 7 × 1 =

④ 7 × 7 =

⑤ 7 × 6 =

⑥ 7 × 2 =

⑦ 7 × 5 =

⑧ 7 × 9 =

⑨ 7 × 4 =

⑩ 7 × 1 =

⑪ 7 × 7 =

⑫ 7 × 5 =

⑬ 7 × 4 =

⑭ 7 × 3 =

⑮ 7 × 8 =

⑯ 7 × 9 =

⑰ 7 × 2 =

⑱ 7 × 6 =

⑲ 7 × 5 =

⑳ 7 × 2 =

㉑ 7 × 8 =

㉒ 7 × 1 =

㉓ 7 × 9 =

㉔ 7 × 7 =

㉕ 7 × 6 =

㉖ 7 × 4 =

㉗ 7 × 3 =

곱셈구구 7단을 생각하며 아래 문제를 풀어 보세요 !

①

×		
7	2	
3		

7×2의 값을 적으세요.

7×3의 값을 적으세요.

②

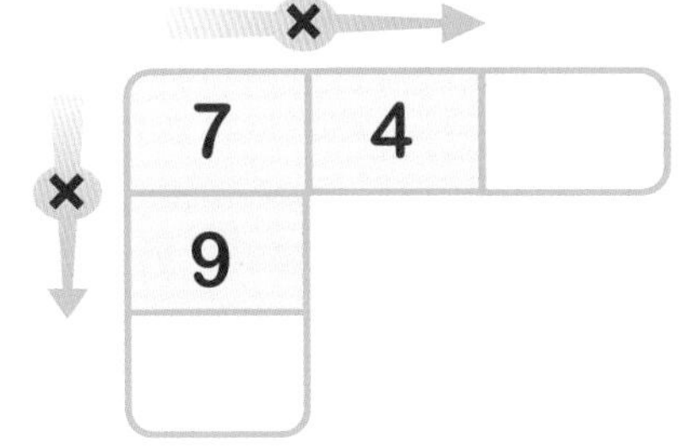

③

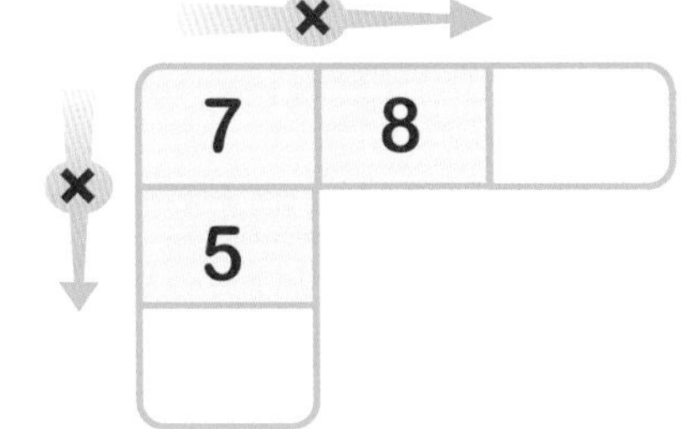

④

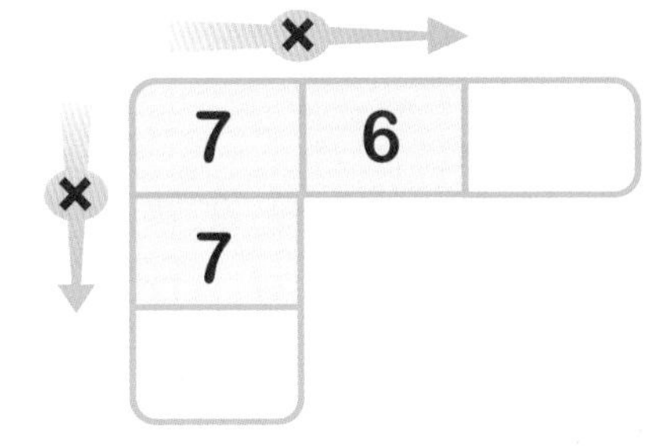

⑤

7	6
×	

7×6의 값을 적으세요.

⑥

⑦

7	7
×	

⑧

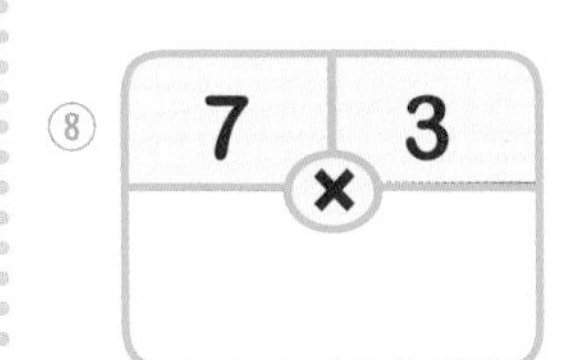

⑨

7	8
×	

⑩

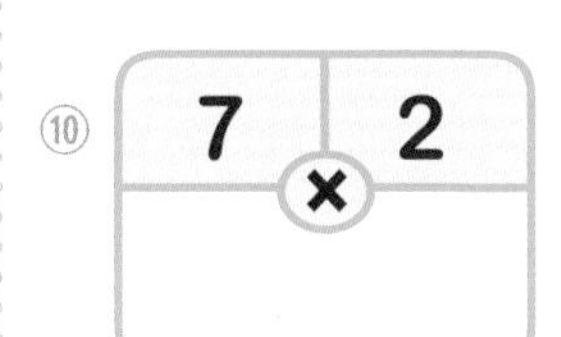

⑪

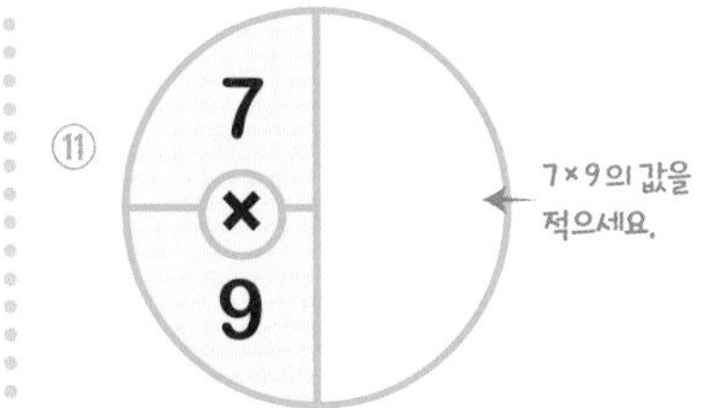

⑫

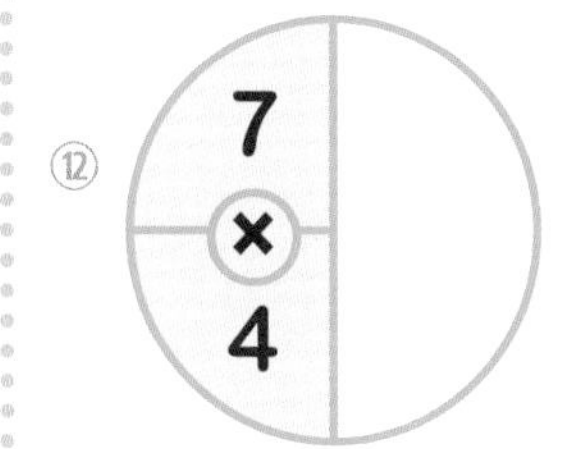

⑬

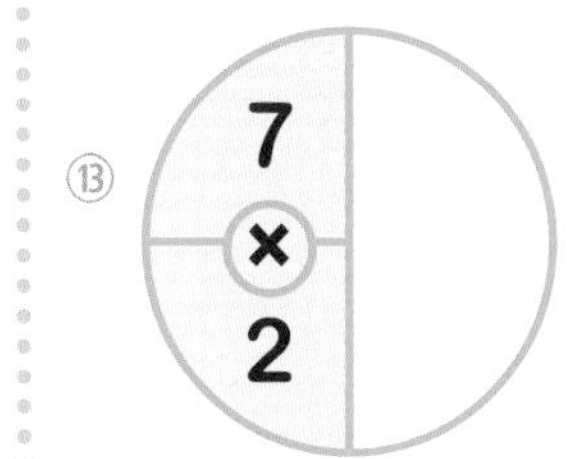

⑭

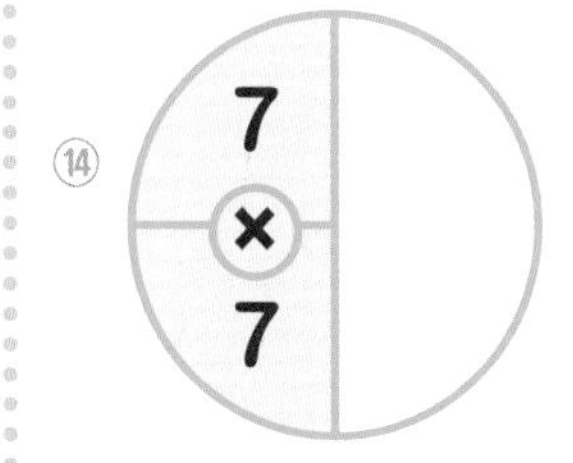

⑮

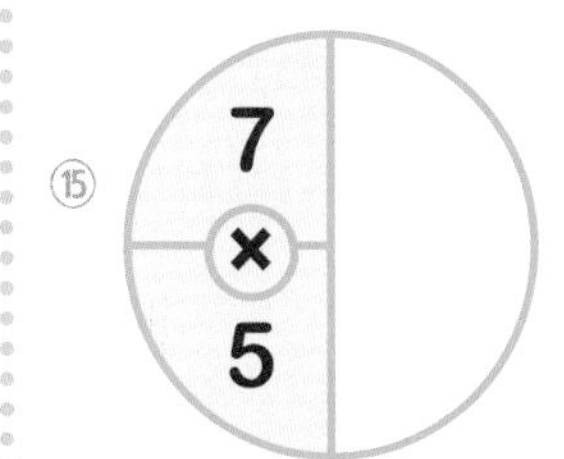

⑯

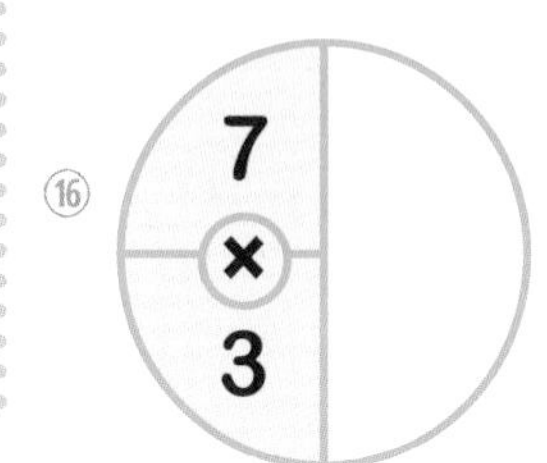

곱셈구구 7단의 연습(3)

소리내 풀기 아래 곱셈구구 7단의 값을 옆에 적으세요 !

① $7 \times 4 =$

② $7 \times 2 =$

③ $7 \times 6 =$

④ $7 \times 8 =$

⑤ $7 \times 1 =$

⑥ $7 \times 9 =$

⑦ $7 \times 7 =$

⑧ $7 \times 5 =$

⑨ $7 \times 3 =$

⑩ $7 \times 6 =$

⑪ $7 \times 1 =$

⑫ $7 \times 4 =$

⑬ $7 \times 7 =$

⑭ $7 \times 3 =$

⑮ $7 \times 2 =$

⑯ $7 \times 8 =$

⑰ $7 \times 9 =$

⑱ $7 \times 5 =$

⑲ $7 \times 7 =$

⑳ $7 \times 3 =$

㉑ $7 \times 8 =$

㉒ $7 \times 5 =$

㉓ $7 \times 6 =$

㉔ $7 \times 9 =$

㉕ $7 \times 1 =$

㉖ $7 \times 2 =$

㉗ $7 \times 4 =$

확인

곱셈구구 7단을 생각하며 아래 문제를 풀어 보세요 !

① 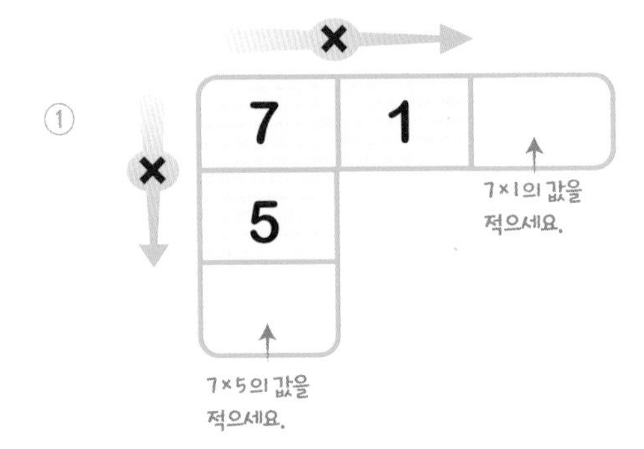

② 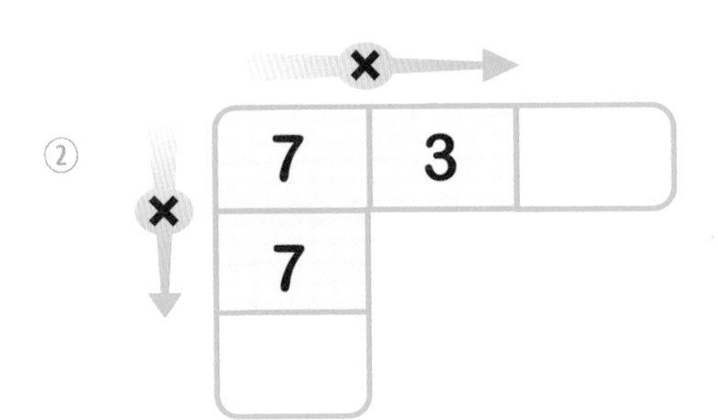

③ 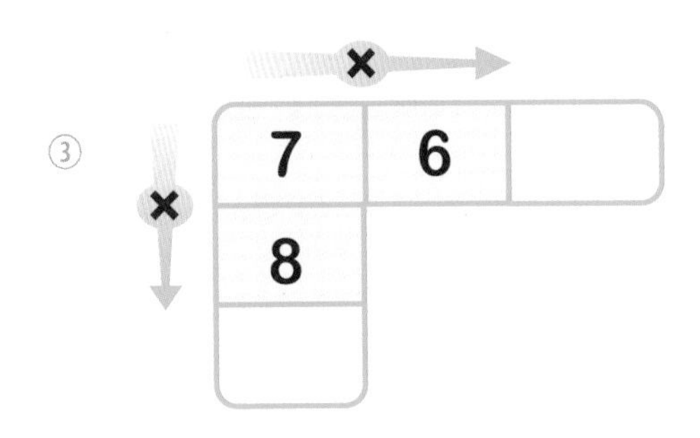

④ 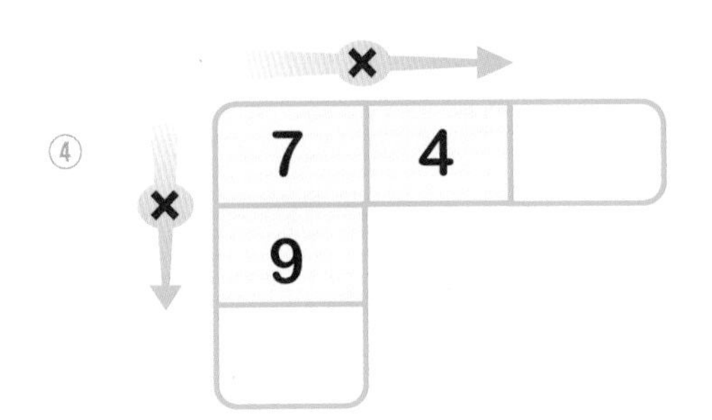

⑤ 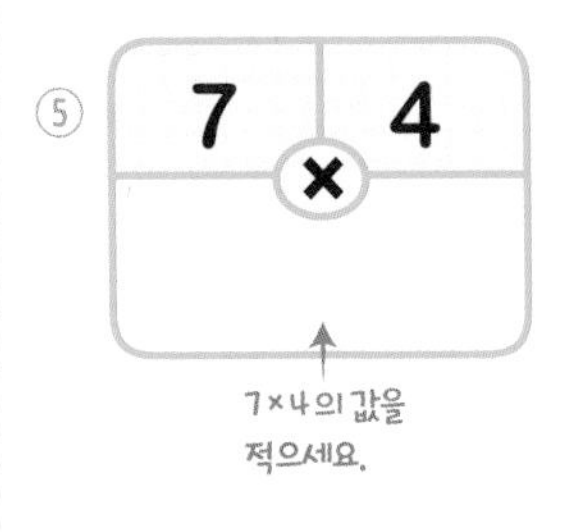

⑥ 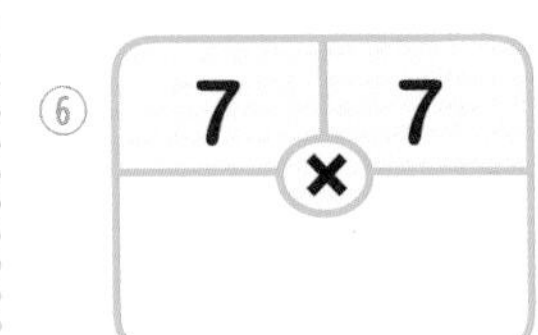

⑦ 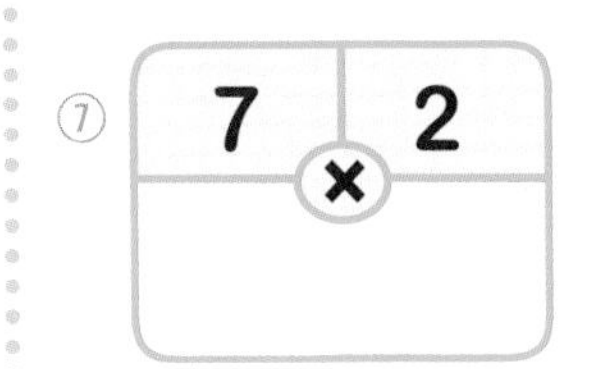

⑧ 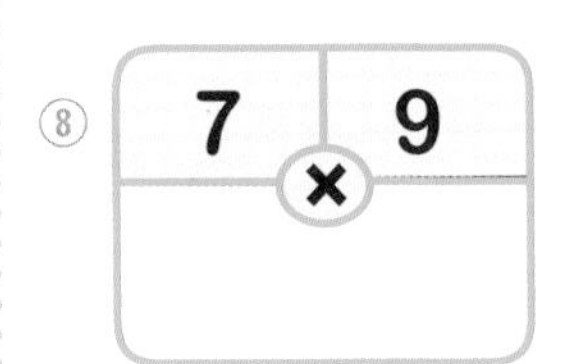

⑨ 

⑩ 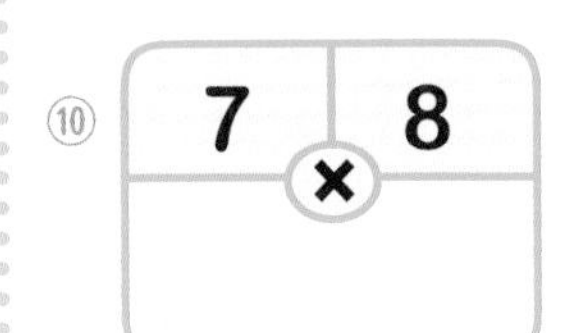

⑪ 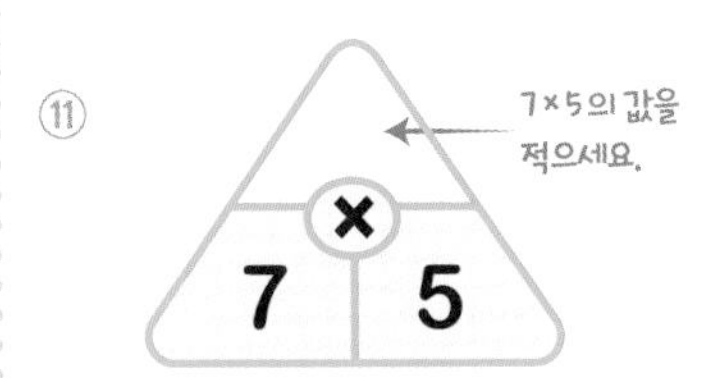

⑫ 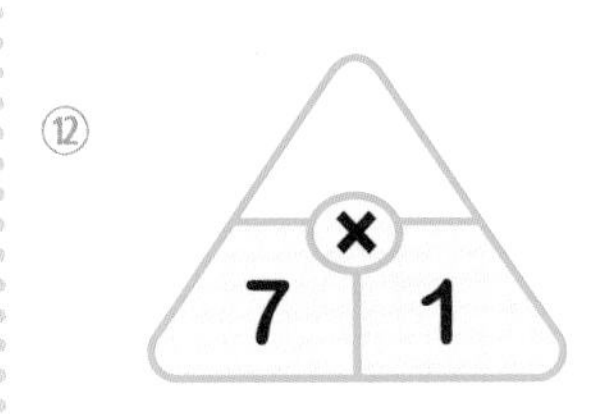

⑬ 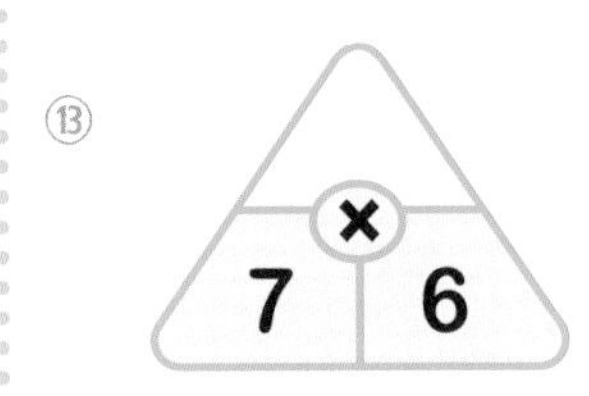

⑭ 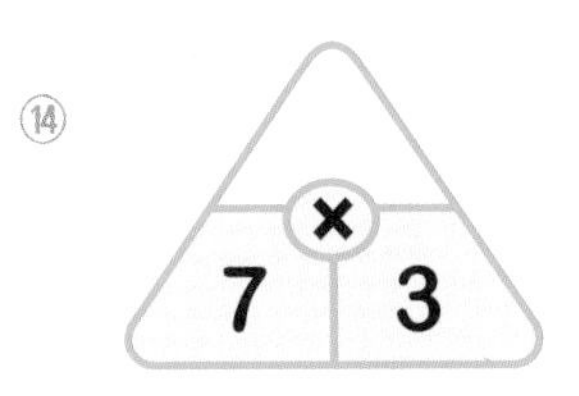

⑮ 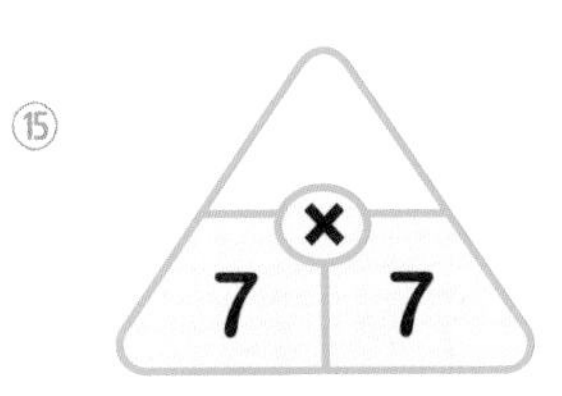

⑯ 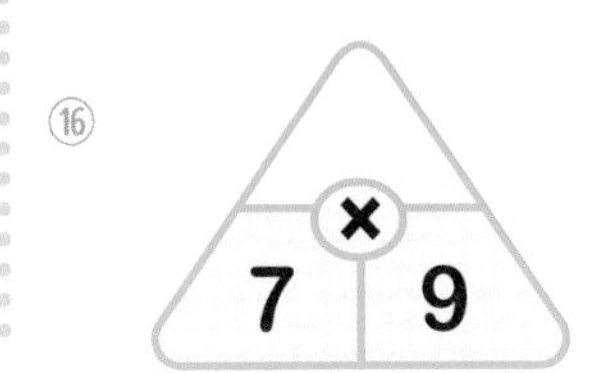

7단

곱셈구구 7단의 연습(4)

소리내 풀기 아래 곱셈구구 7단의 값을 옆에 적으세요 !

① $7 \times 2 =$

② $7 \times 5 =$

③ $7 \times 8 =$

④ $7 \times 3 =$

⑤ $7 \times 7 =$

⑥ $7 \times 6 =$

⑦ $7 \times 1 =$

⑧ $7 \times 9 =$

⑨ $7 \times 4 =$

⑩ $7 \times 7 =$

⑪ $7 \times 3 =$

⑫ $7 \times 1 =$

⑬ $7 \times 4 =$

⑭ $7 \times 2 =$

⑮ $7 \times 9 =$

⑯ $7 \times 8 =$

⑰ $7 \times 5 =$

⑱ $7 \times 6 =$

⑲ $7 \times 9 =$

⑳ $7 \times 5 =$

㉑ $7 \times 2 =$

㉒ $7 \times 7 =$

㉓ $7 \times 4 =$

㉔ $7 \times 1 =$

㉕ $7 \times 3 =$

㉖ $7 \times 6 =$

㉗ $7 \times 8 =$

곱셈구구 7단을 생각하며, 아래 문제를 풀어보세요 !

① 7명씩 줄을 서서 8줄이 모였다면, 모인 사람은 모두 몇 명일까요 ?

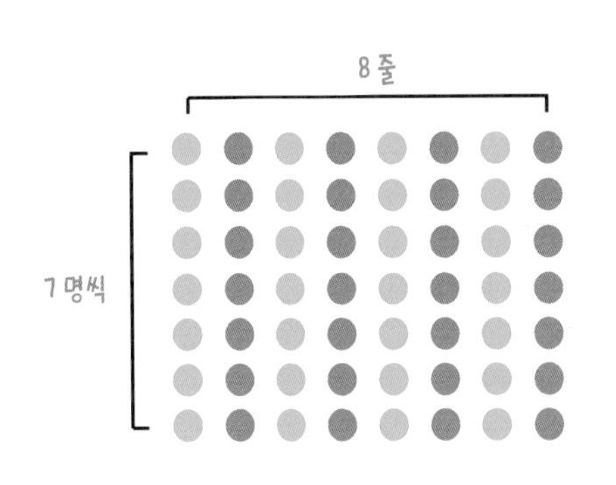

식) 7 × 8 =

1줄의 사람수 줄 수

답) 명

② 무지개 1는 7번 색칠해야 합니다. 무지개 6개는 몇 번 색칠해야 할까요 ?

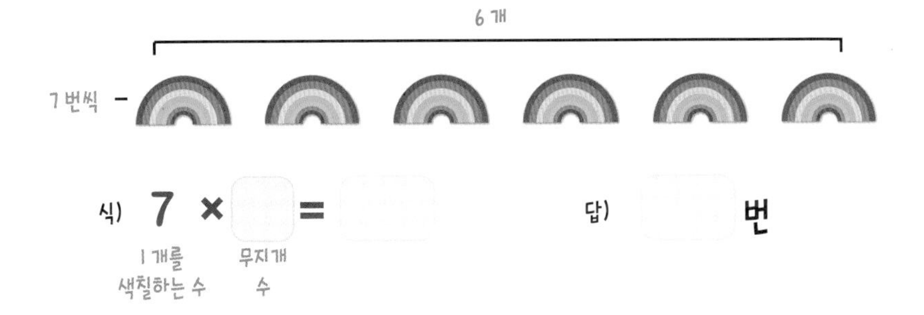

식) 7 × =

1개를 색칠하는 수 무지개 수

답) 번

③ 1주일은 7일 입니다. 4주는 며칠 일까요?

7 일씩

4 주

일	월	화	수	목	금	토
1	2	3	4	5	6	7
8	9	10	11	12	13	14
15	16	17	18	19	20	21
22	23	24	25	26	27	28
29	30	31				

식) × =

1주의 일 수 주의 수

답) 일

곱셈구구 7단을 정성들여 적고, 마무리 합니다 !

쓰기
7 × 1 = 7
7 × =
× =
× =
× =
× =
× =
× =
× =

이것으로 곱셈구구 7단을 완전히 익혔습니다.

다음으로 넘어가기전 5단~ 7단을 충분히 연습합니다 !

7단

곱셈구구 5단 ~ 7단의 연습 (1)

월 일
시

소리내 풀기 곱셈구구 5단~7단을 소리내 외우며, 아래의 원에 값을 채워 보세요! 중앙에 있는 수 × 중간에 있는 수 의 값을 적으세요.

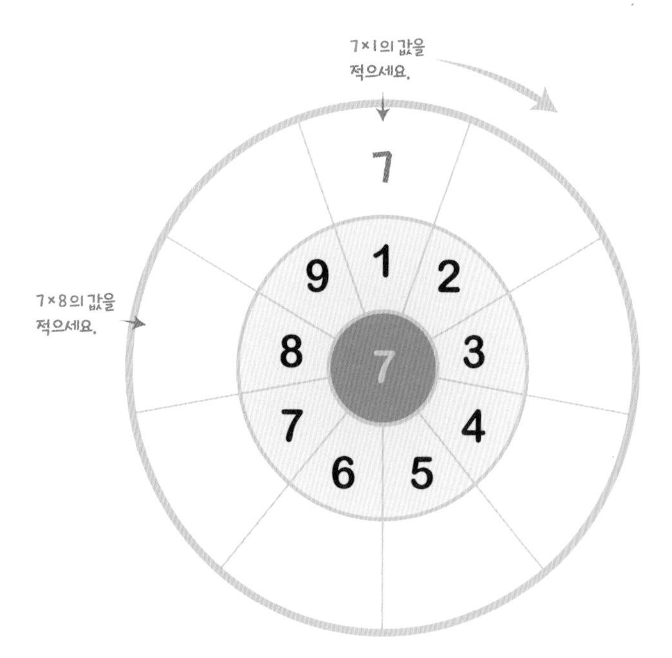

완성된 원을 보며 5단 ~ 7단까지
2번 소리내 외워 보세요!

거꾸로 2번 읽어보세요!

확인

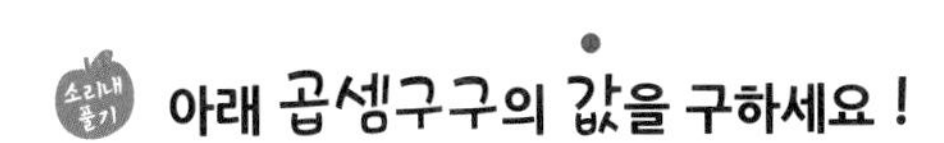

아래 곱셈구구의 값을 구하세요 !

① 5 × 5 =

② 7 × 7 =

③ 6 × 6 =

④ 5 × 8 =

⑤ 6 × 9 =

⑥ 5 × 2 =

⑦ 6 × 4 =

⑧ 7 × 3 =

⑨ 5 × 1 =

※ 값이 1초 만에 생각나지 않으면, 해당하는 곱셈구구를 1번 더 꼼꼼히 외우고, 다시 풉니다.

⑩ 6 × 5 =

⑪ 7 × 1 =

⑫ 6 × 3 =

⑬ 5 × 9 =

⑭ 6 × 8 =

⑮ 7 × 4 =

⑯ 5 × 7 =

⑰ 6 × 2 =

⑱ 7 × 6 =

⑲ 5 × 6 =

⑳ 7 × 2 =

㉑ 5 × 4 =

㉒ 7 × 8 =

㉓ 7 × 3 =

㉔ 5 × 5 =

㉕ 6 × 1 =

㉖ 7 × 9 =

㉗ 6 × 7 =

※ 정답과 맞춘 후 틀린 것이 있으면, 해당하는 곱셈구구를 틀린 수만큼 꼼꼼히 다시 외웁니다.

곱셈구구 5단 ~ 7단의 연습 (2)

월 일
시

소리내 풀기 곱셈구구 5단~7단을 생각하며, 아래의 네모에 값을 채워 보세요! 제일 앞에 있는 수 × 제일 위에 있는 수 의 값을 적으세요.

×	1	4	7
5	5 (5×1의 값을 적으세요.)		
6		6×4의 값을 적으세요.	
7			7×7의 값을 적으세요.

※ 값이 1초 만에 생각나지 않으면, 해당하는 곱셈구구를 1번 더 꼼꼼히 외우고, 다시 풉니다.

×	2	5	8
6	6×2의 값을 적으세요.		
5	5×2의 값을 적으세요.		
7			

※ 정답과 맞춘 후 틀린 것이 있으면, 해당하는 곱셈구구를 틀린 수만큼 꼼꼼히 다시 외웁니다.

×	3	6	9
7	7×3의 값을 적으세요.	7×6의 값을 적으세요.	
6			
5			

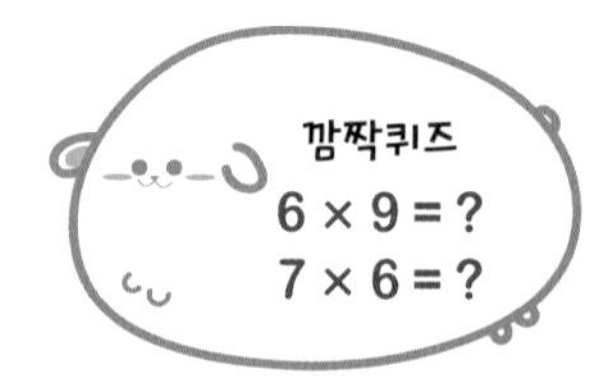

1초만에 생각나지 않았다면
2번 더 외우고 오세요~~!

소리내 풀기 아래 곱셈구구의 값을 구하세요 !

① 7 × 1 =

② 6 × 5 =

③ 5 × 4 =

④ 7 × 6 =

⑤ 5 × 7 =

⑥ 7 × 9 =

⑦ 5 × 2 =

⑧ 6 × 3 =

⑨ 7 × 8 =

⑩ 5 × 3 =

⑪ 6 × 8 =

⑫ 5 × 1 =

⑬ 7 × 7 =

⑭ 5 × 6 =

⑮ 6 × 2 =

⑯ 7 × 5 =

⑰ 5 × 9 =

⑱ 6 × 4 =

⑲ 7 × 4 =

⑳ 6 × 9 =

㉑ 7 × 2 =

㉒ 6 × 6 =

㉓ 6 × 1 =

㉔ 7 × 3 =

㉕ 5 × 8 =

㉖ 6 × 7 =

㉗ 5 × 5 =

※ 값이 1초 만에 생각나지 않거나, 틀린 것이 있으면, 다시 외웁니다.

월 일 시

소리내 듣기 아래 곱셈구구를 완성하고, 5단~7단을 천천히 꼼꼼히 2번 읽으세요 !

곱셈구구 5단
5 × 1 =
5 × 2 =
5 × 3 =
5 × 4 =
5 × 5 =
5 × 6 =
5 × 7 =
5 × 8 =
5 × 9 =

곱셈구구 6단
6 × 1 =
6 × 2 =
6 × 3 =
6 × 4 =
6 × 5 =
6 × 6 =
6 × 7 =
6 × 8 =
6 × 9 =

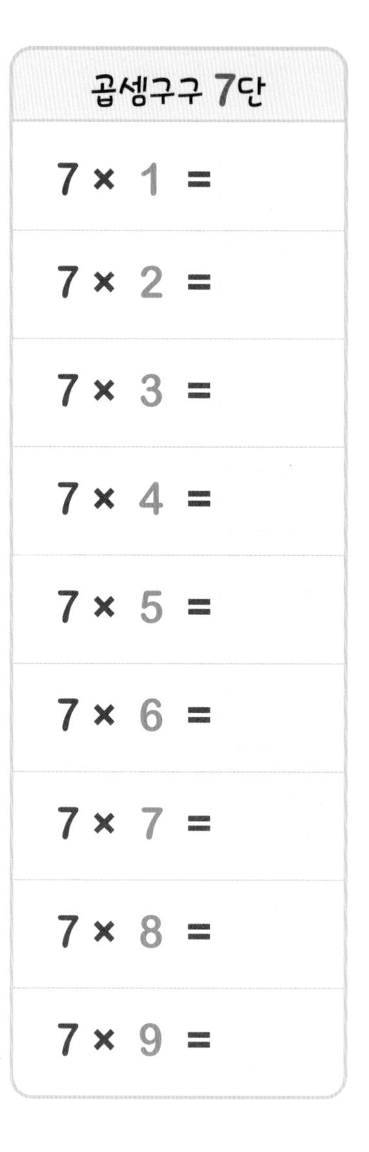

곱셈구구 7단
7 × 1 =
7 × 2 =
7 × 3 =
7 × 4 =
7 × 5 =
7 × 6 =
7 × 7 =
7 × 8 =
7 × 9 =

1번 읽을때마다 하나씩 지우세요 !

거꾸로 2번 읽어보세요 !

※ 이제 충분히 연습했으니 다음으로 넘어 갑니다 !

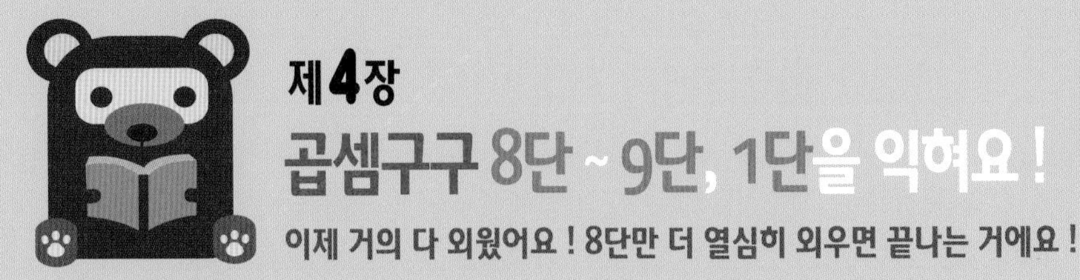

곱셈구구 8단이란 ?

"8부터 시작해서 8씩 계속 더하면 나오는 수" = "8의 1배, 2배,... , 9배한 수"

(×1, ×2, ×9)

곱셈구구 9단이란 ?

"9부터 시작해서 9씩 계속 더하면 나오는 수" = "9의 1배, 2배,... , 9배한 수"

(한배, 두배, 아홉배)

곱셈구구 1단이란 ?

"1부터 시작해서 1씩 계속 더하면 나오는 수" = "1의 1배, 2배,... , 9배한 수"

곱셈구구 8단의 원리

월 일
시

8부터 시작해서 8씩 더해 가며 동그라미(○)로 표시해 보세요 !

1	2	3	4	5	6	7	(8)	9	10
11	12	13	14	15	(16)	17	18	19	20
21	22	23	24	25	26	27	28	29	30
31	32	33	34	35	36	37	38	39	40
41	42	43	44	45	46	47	48	49	50
51	52	53	54	55	56	57	58	59	60
61	62	63	64	65	66	67	68	69	70
71	72	73	74	75	76	77	78	79	80

+8

8씩 ■번 뛰어세기해서 동그라미(○)로 표시하고, 값을 적으세요 !

	8씩 ■번 뛰어세기	값
1번	0 (8)	8
2번	0 8 16	
3번	0 8 16 24	
4번	0 8 16 24 32	
5번	0 8 16 24 32 40	
6번	0 8 16 24 32 40 48	
7번	0 8 16 24 32 40 48 56	
8번	0 8 16 24 32 40 48 56 64	
9번	0 8 16 24 32 40 48 56 64 72	

+8 +8 +8 +8 +8 +8 +8 +8

8단

8부터 시작해서 8씩 커지는 수를 적어 보세요!

8

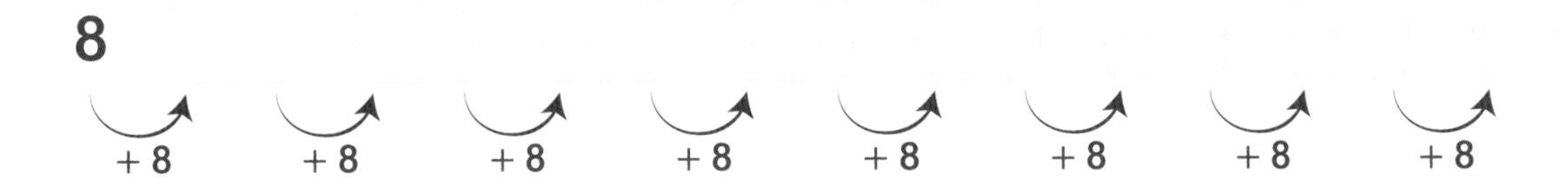

8씩 커지는 곱셈구구 8단! 덧셈식을 곱셈식으로 나타내세요!

8씩 커지는 덧셈식	곱셈식으로 나타내기
8	8 × 1 = 8 (더하는 수, 더하는 횟수)
8 + 8 =	8 × ☐ =
8 + 8 + 8 =	8 × ☐ =
8 + 8 + 8 + 8 =	8 × ☐ =
8 + 8 + 8 + 8 + 8 =	8 × ☐ =
8 + 8 + 8 + 8 + 8 + 8 =	8 × ☐ =
8 + 8 + 8 + 8 + 8 + 8 + 8 =	8 × ☐ =
8 + 8 + 8 + 8 + 8 + 8 + 8 + 8 =	8 × ☐ =
8 + 8 + 8 + 8 + 8 + 8 + 8 + 8 + 8 =	8 × ☐ =

+8 +8 +8 +8 +8 +8 +8 +8

곱셈구구 8단을 완성하고, 6번 읽어 보세요 !

곱셈구구 8단		읽기
8 × 1 = 8		팔 일 은 팔
	+8	
8 × 2 =		팔 이 십육
	+8	
8 × 3 =		팔 삼 이십사
	+8	
8 × 4 =		팔 사 삼십이
	+8	
8 × 5 =		팔 오 사십
	+8	
8 × 6 =		팔 육 사십팔 48
	+8	
8 × 7 =		팔 칠 오십육 56
	+8	
8 × 8 =		팔 팔 육십사 64
	+8	
8 × 9 =		팔 구 칠십이

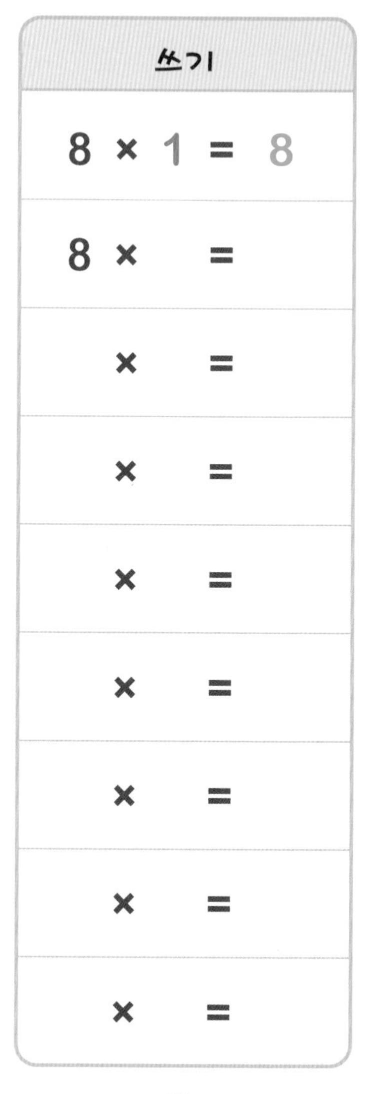

쓰기
8 × 1 = 8
8 × =
× =
× =
× =
× =
× =
× =
× =

1번 읽을때마다 하나씩 지우세요 !

거꾸로 4번 읽어보세요 !

곱셈구구 8단의 특징 !

❶ 수가 커질때마다 8씩 커집니다.

❷ 끝(일의 자리수)이 2씩 줄어듭니다. 8 → 6 → 4 → 2 → 0 → 8 → 6 → 4 → 2

8 16 24 32 40 48 56 64 72

8단

곱셈구구 8단을 소리내 외우며 아래 문제를 풀어 보세요 !

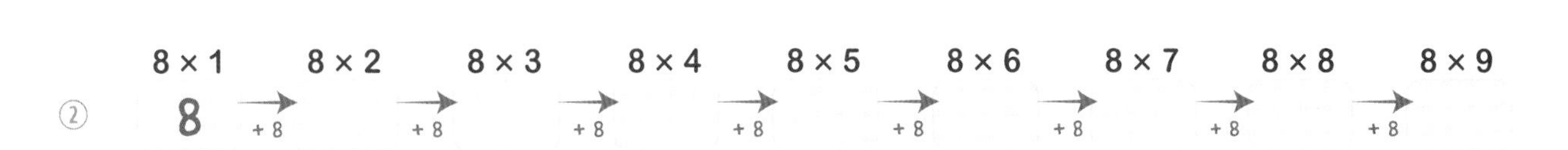

① 8 × 1 / 8 × 2 / 8 × 3 / 8 × 4 / 8 × 5 / 8 × 6 / 8 × 7 / 8 × 8 / 8 × 9

8 (+ 8) (+ 8) (+ 8) (+ 8) (+ 8) (+ 8) (+ 8) (+ 8)

② 8 × 1 / 8 × 2 / 8 × 3 / 8 × 4 / 8 × 5 / 8 × 6 / 8 × 7 / 8 × 8 / 8 × 9

8 → + 8 → + 8 → + 8 → + 8 → + 8 → + 8 → + 8 → + 8

③ 8 × 9 / 8 × 8 / 8 × 7 / 8 × 6 / 8 × 5 / 8 × 4 / 8 × 3 / 8 × 2 / 8 × 1

72 (− 8) (− 8) (− 8) (− 8) (− 8) (− 8) (− 8) (− 8)

④

×	1 (더하는 횟수)	2	3	4	5	6	7	8	9
8 (더하는 수)	8				40				

8×1= 8×2=

⑤ 곱셈구구 8단을 외우며 해당하는 숫자에 ○ 표 하세요 !

1	2	3	4	5	6	7	(8)	9	10
11	12	13	14	15	(16)	17	18	19	20
21	22	23	24	25	26	27	28	29	30
31	32	33	34	35	36	37	38	39	40
41	42	43	44	45	46	47	48	49	50
51	52	53	54	55	56	57	58	59	60
61	62	63	64	65	66	67	68	69	70
71	72	73	74	75	76	77	78	79	80

1초만에 생각나지 않았다면
2번 더 외우세요 !

8단

곱셈구구 8단의 연습(1)

월 일
시

아래 곱셈의 값을 구하세요 !

① 8 × 1 =

② 8 × 3 =

③ 8 × 7 =

④ 8 × 8 =

⑤ 8 × 4 =

⑥ 8 × 9 =

⑦ 8 × 5 =

⑧ 8 × 6 =

⑨ 8 × 2 =

⑩ 8 × 4 =

⑪ 8 × 9 =

⑫ 8 × 2 =

⑬ 8 × 6 =

⑭ 8 × 1 =

⑮ 8 × 3 =

⑯ 8 × 8 =

⑰ 8 × 7 =

⑱ 8 × 5 =

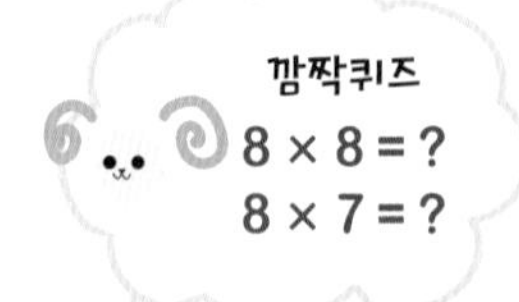

1초만에 생각나지 않았다면
2번 더 외우고 오세요~~ !

확인

곱셈구구 8단을 생각하며 아래 문제를 풀어 보세요 !

①

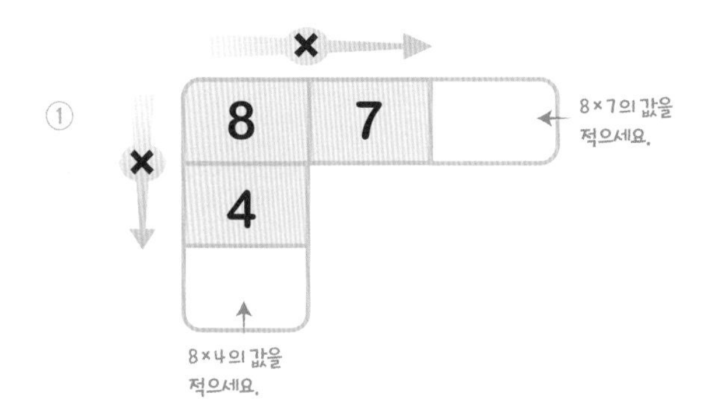

②

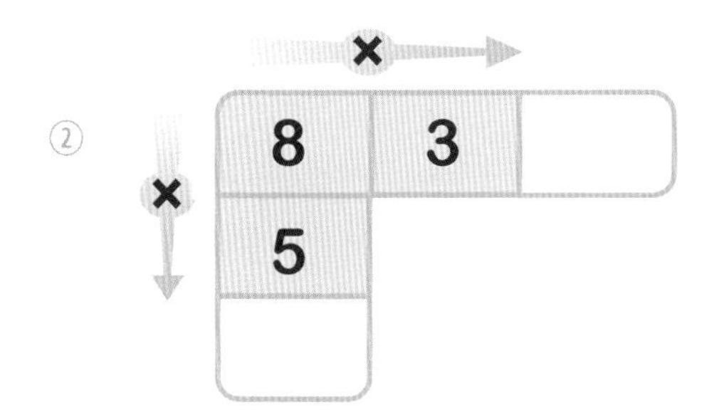

③

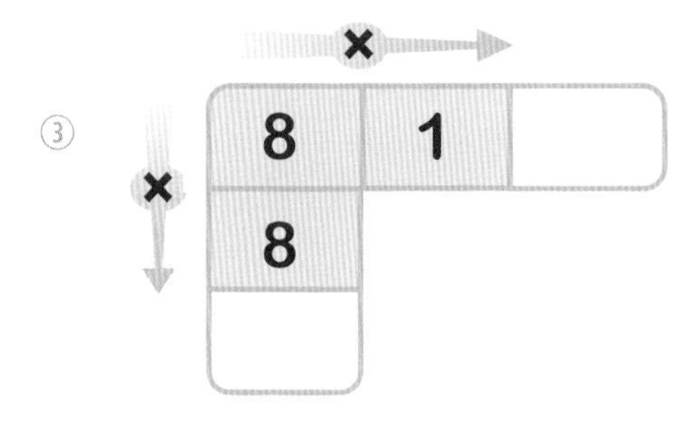

④

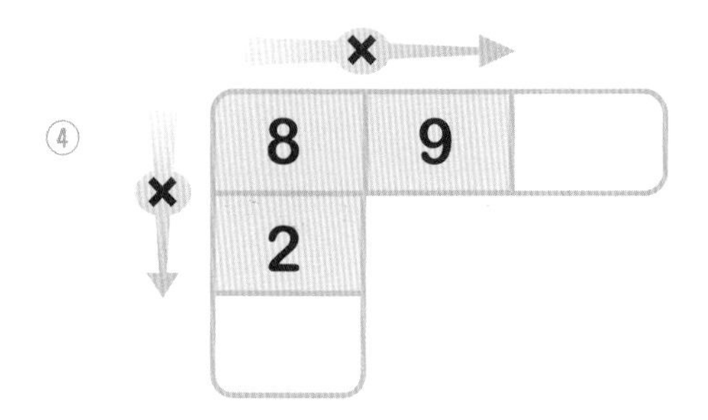

⑤

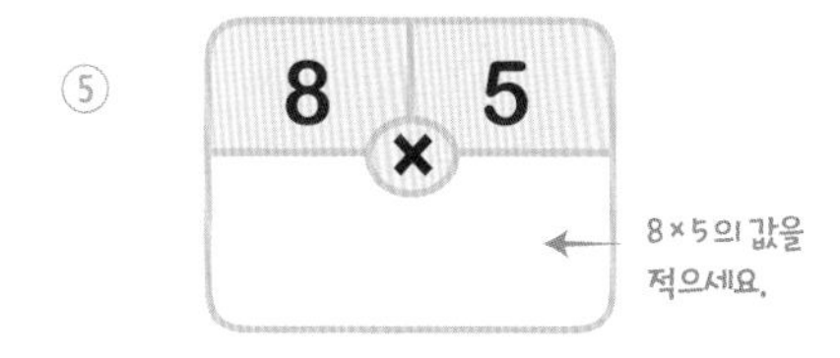

⑥

⑦

⑧

⑨

⑩

8 × 8

8단

곱셈구구 8단의 연습(2)

아래 곱셈구구 8단의 값을 옆에 적으세요 !

① $8 \times 3 =$

② $8 \times 8 =$

③ $8 \times 1 =$

④ $8 \times 7 =$

⑤ $8 \times 6 =$

⑥ $8 \times 2 =$

⑦ $8 \times 5 =$

⑧ $8 \times 9 =$

⑨ $8 \times 4 =$

⑩ $8 \times 1 =$

⑪ $8 \times 7 =$

⑫ $8 \times 5 =$

⑬ $8 \times 4 =$

⑭ $8 \times 3 =$

⑮ $8 \times 8 =$

⑯ $8 \times 9 =$

⑰ $8 \times 2 =$

⑱ $8 \times 6 =$

⑲ $8 \times 5 =$

⑳ $8 \times 2 =$

㉑ $8 \times 8 =$

㉒ $8 \times 1 =$

㉓ $8 \times 9 =$

㉔ $8 \times 7 =$

㉕ $8 \times 6 =$

㉖ $8 \times 4 =$

㉗ $8 \times 3 =$

곱셈구구 8단을 생각하며 아래 문제를 풀어 보세요 !

①
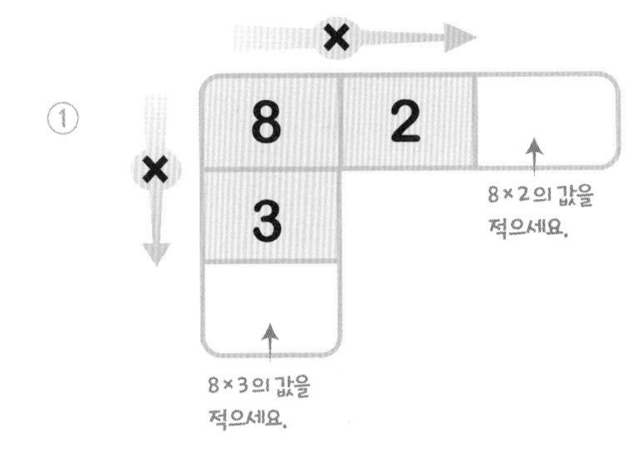

②
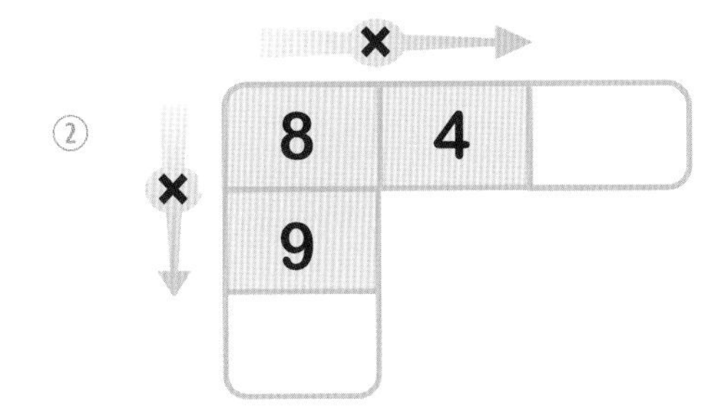

③
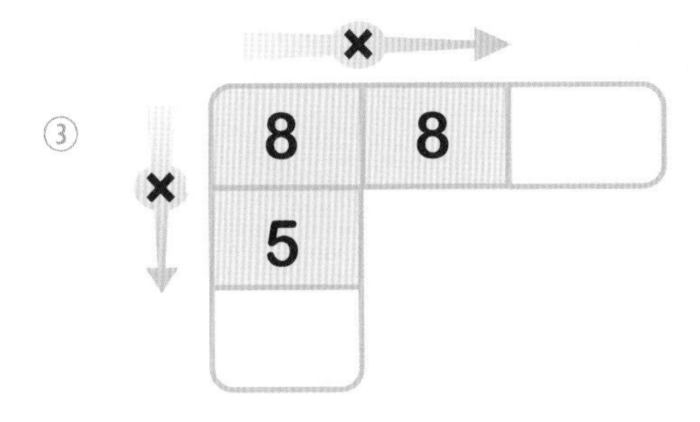

④
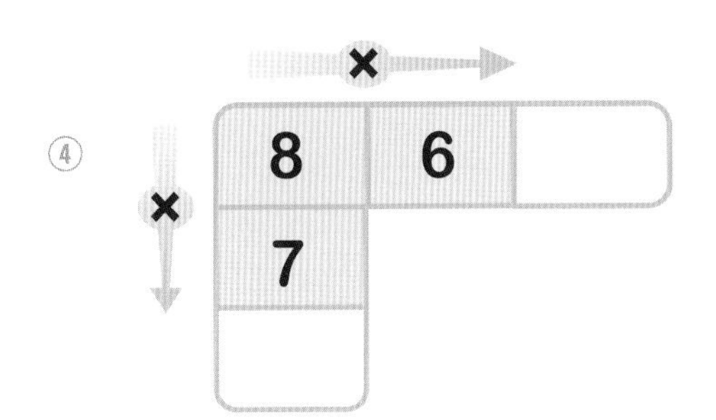

⑤
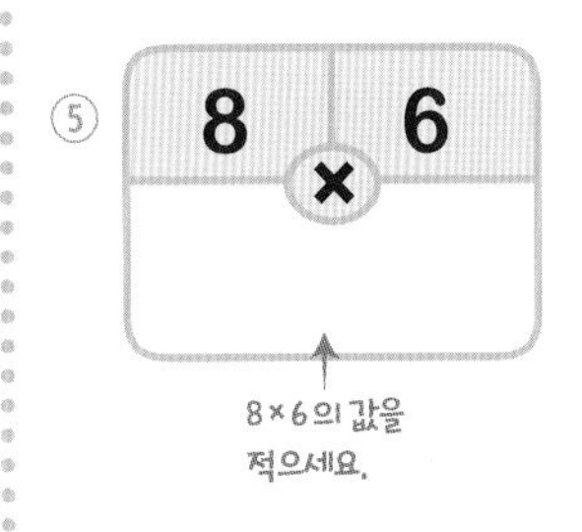

⑥

⑦

⑧
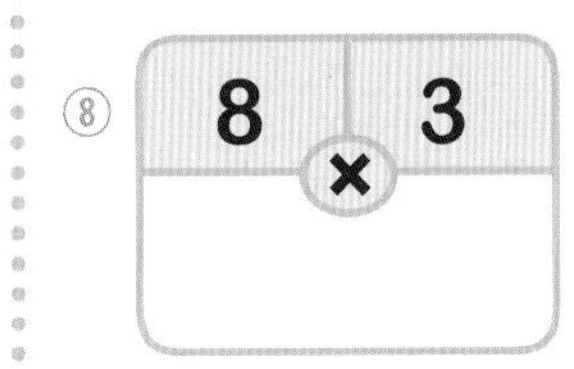

⑨

⑩
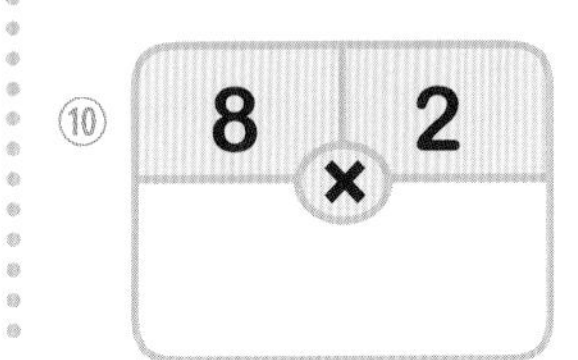

⑪
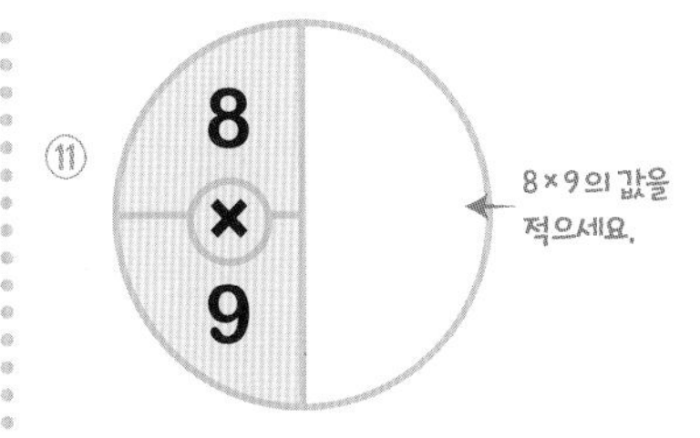

⑫
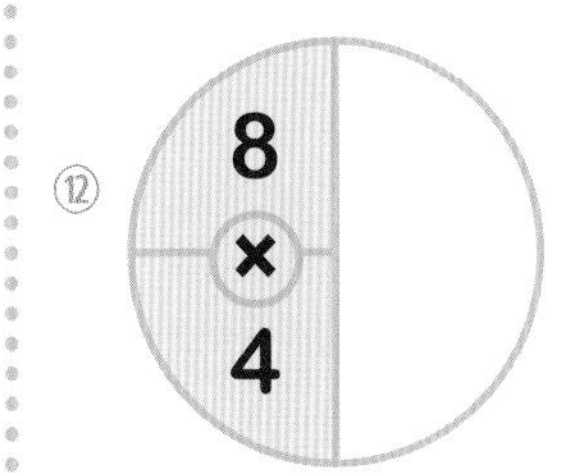

⑬
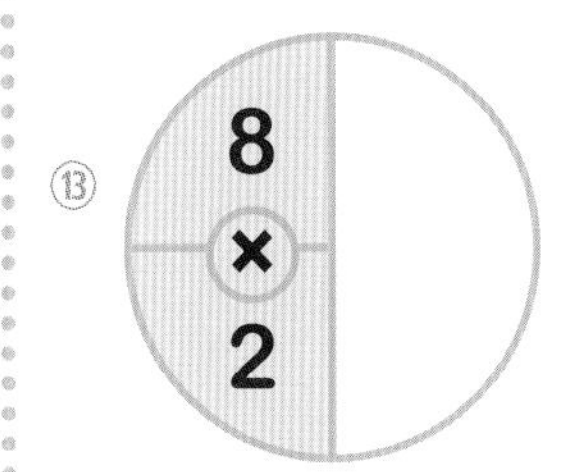

⑭
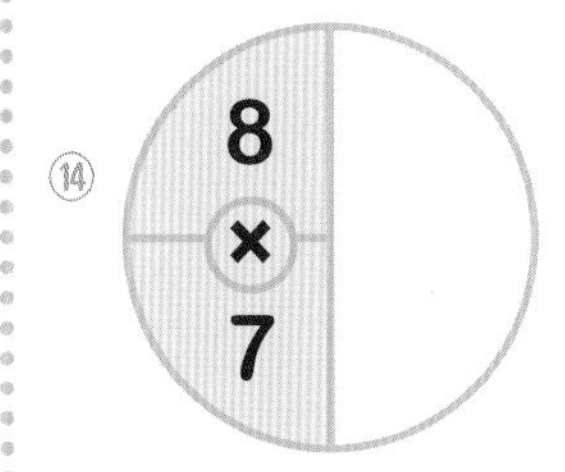

⑮
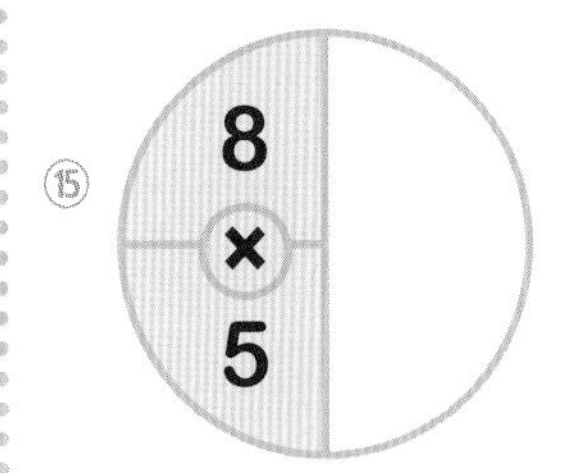

⑯
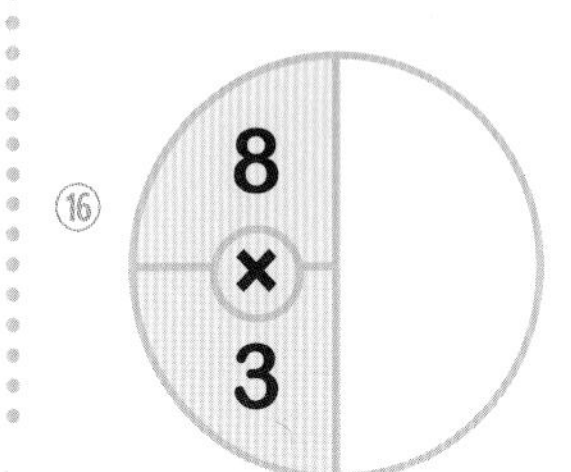

곱셈구구 8단의 연습(3)

소리내 풀기 아래 곱셈구구 8단의 값을 옆에 적으세요 !

① $8 \times 4 =$

② $8 \times 2 =$

③ $8 \times 6 =$

④ $8 \times 8 =$

⑤ $8 \times 1 =$

⑥ $8 \times 9 =$

⑦ $8 \times 7 =$

⑧ $8 \times 5 =$

⑨ $8 \times 3 =$

⑩ $8 \times 6 =$

⑪ $8 \times 1 =$

⑫ $8 \times 4 =$

⑬ $8 \times 7 =$

⑭ $8 \times 3 =$

⑮ $8 \times 2 =$

⑯ $8 \times 8 =$

⑰ $8 \times 9 =$

⑱ $8 \times 5 =$

⑲ $8 \times 7 =$

⑳ $8 \times 3 =$

㉑ $8 \times 8 =$

㉒ $8 \times 5 =$

㉓ $8 \times 6 =$

㉔ $8 \times 9 =$

㉕ $8 \times 1 =$

㉖ $8 \times 2 =$

㉗ $8 \times 4 =$

곱셈구구 8단을 생각하며 아래 문제를 풀어 보세요 !

① 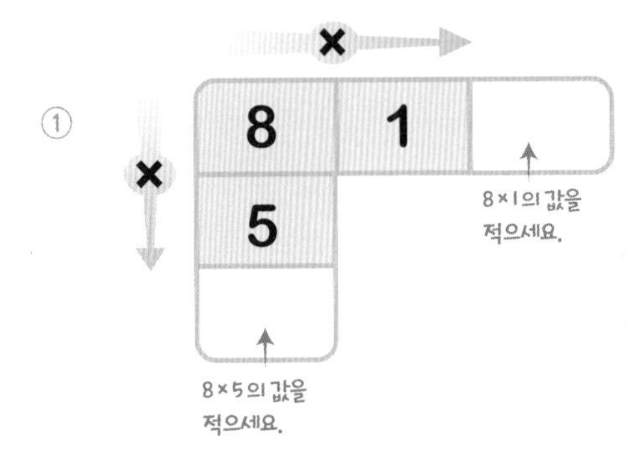

② 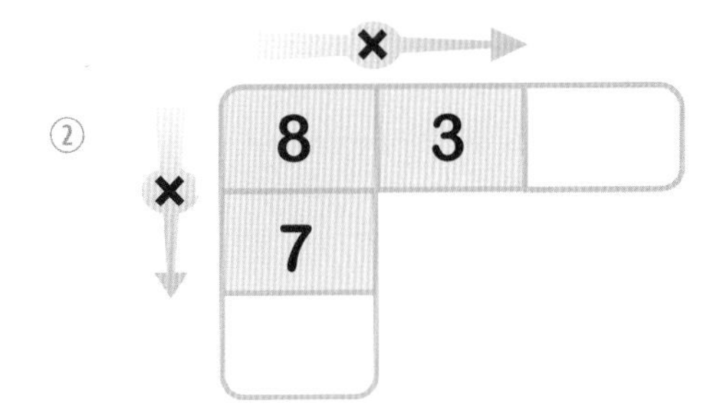

③ 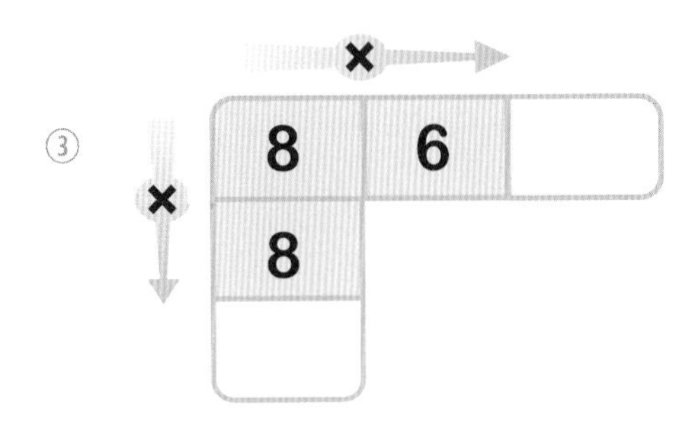

④ 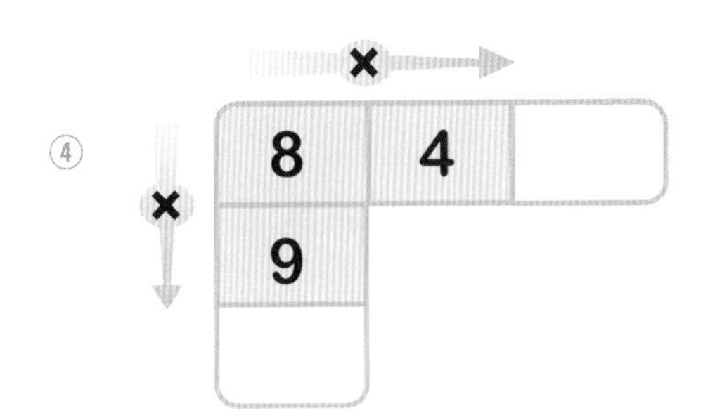

⑤ 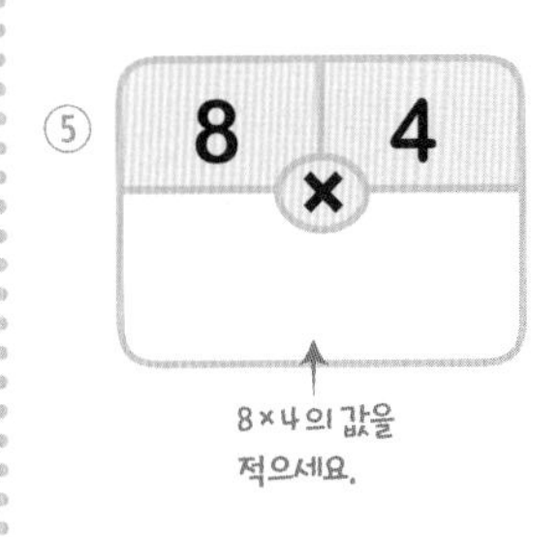

⑥ 

⑦ 

⑧ 

⑨ 

⑩ 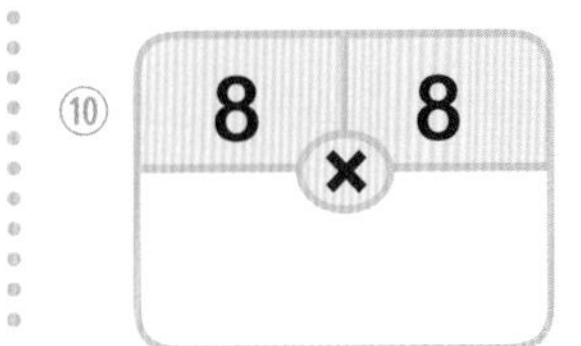

⑪ 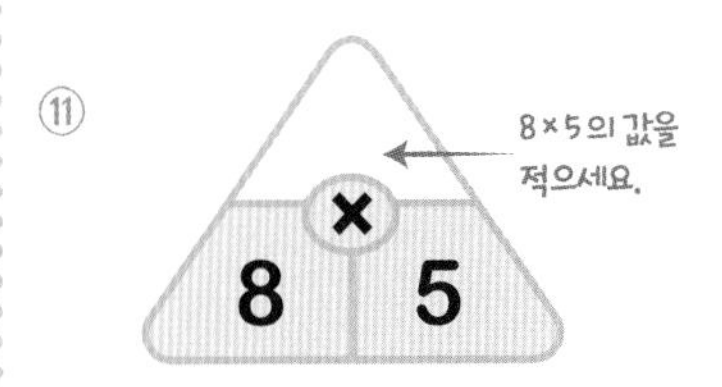

⑫ 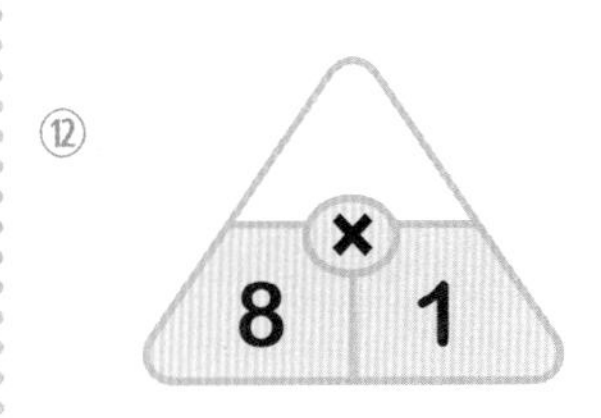

⑬ 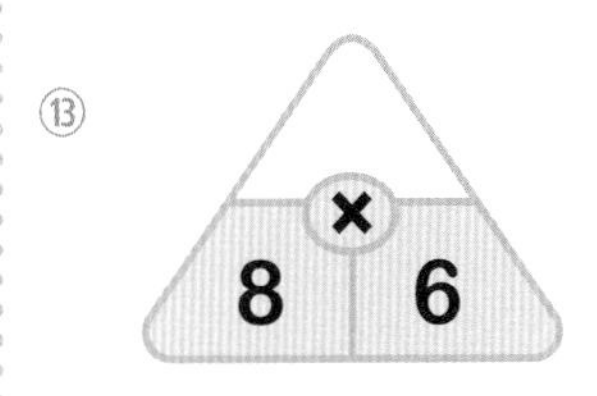

⑭ 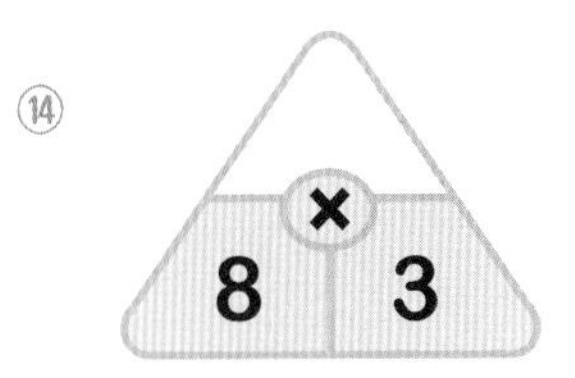

⑮ 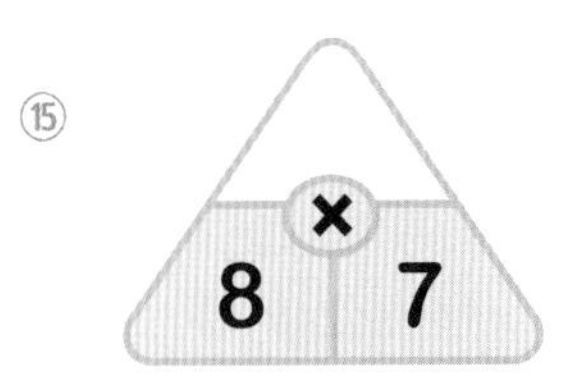

⑯ 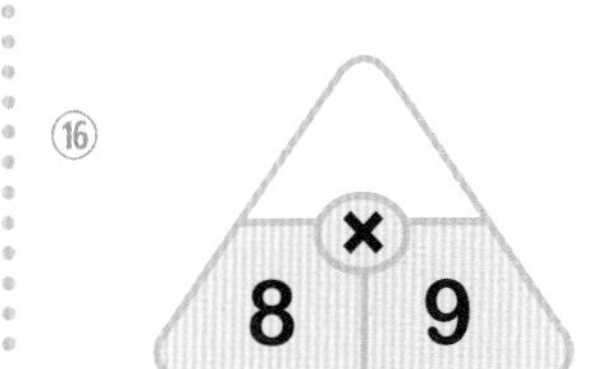

곱셈구구 8단의 연습(4)

소리내 풀기 아래 곱셈구구 8단의 값을 옆에 적으세요 !

① 8 × 2 =

② 8 × 5 =

③ 8 × 8 =

④ 8 × 3 =

⑤ 8 × 7 =

⑥ 8 × 6 =

⑦ 8 × 1 =

⑧ 8 × 9 =

⑨ 8 × 4 =

⑩ 8 × 7 =

⑪ 8 × 3 =

⑫ 8 × 1 =

⑬ 8 × 4 =

⑭ 8 × 2 =

⑮ 8 × 9 =

⑯ 8 × 8 =

⑰ 8 × 5 =

⑱ 8 × 6 =

⑲ 8 × 9 =

⑳ 8 × 5 =

㉑ 8 × 2 =

㉒ 8 × 7 =

㉓ 8 × 4 =

㉔ 8 × 1 =

㉕ 8 × 3 =

㉖ 8 × 6 =

㉗ 8 × 8 =

확인

곱셈구구 8단을 생각하며, 아래 문제를 풀어보세요 !

① 8명씩 줄을 서서 7줄이 모였다면, 모인 사람은 모두 몇 명일까요 ?

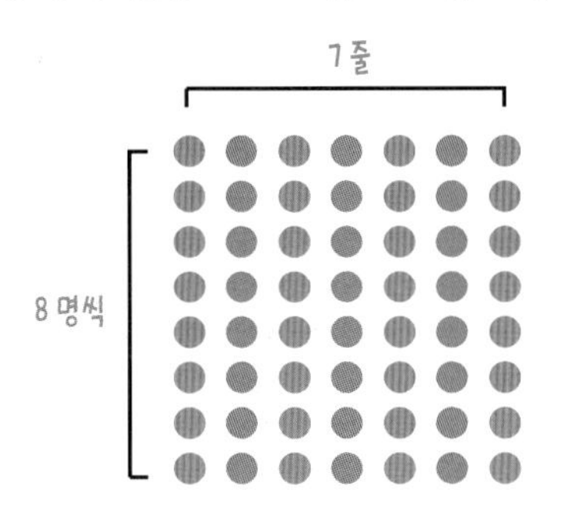

식) 8 × 7 =
1줄당 사람수 / 줄 수

답) 명

② 촉수(다리)가 8개인 해파리가 9마리 있으면, 촉수는 모두 몇 개일까요 ?

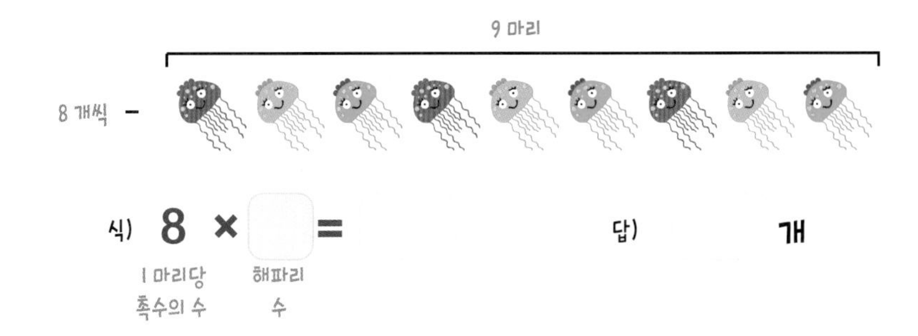

식) 8 × =
1 마리당 촉수의 수 / 해파리 수

답) 개

③ 8조각으로 갈라놓은 피자가 6판 있습니다. 모두 몇 조각일까요 ?

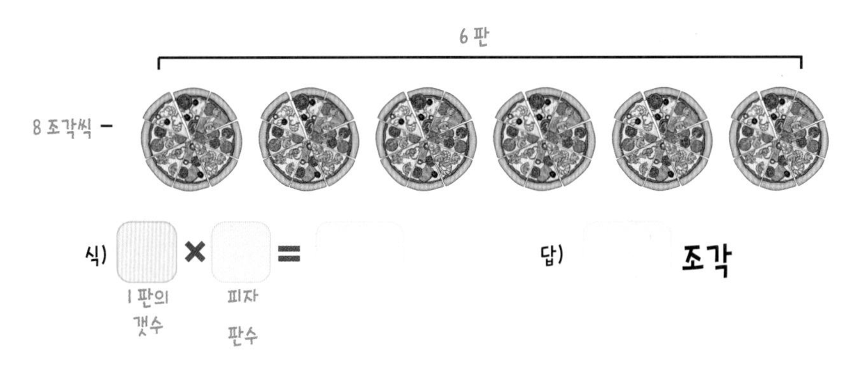

식) × =
1 판의 갯수 / 피자 판수

답) 조각

곱셈구구 8단을 정성들여 적고, 마무리 합니다 !

쓰기
8 × 1 = 8
8 × =
× =
× =
× =
× =
× =
× =
× =

이것으로 곱셈구구 8단을 완전히 익혔습니다.
이제 9단으로 넘어 갑니다 !

8단

곱셈구구 9단의 원리

월 일
시

9부터 시작해서 9씩 더해 가며 동그라미(○)로 표시해 보세요 !

+9

1	2	3	4	5	6	7	8	9	10
11	12	13	14	15	16	17	18	19	20
21	22	23	24	25	26	27	28	29	30
31	32	33	34	35	36	37	38	39	40
41	42	43	44	45	46	47	48	49	50
51	52	53	54	55	56	57	58	59	60
61	62	63	64	65	66	67	68	69	70
71	72	73	74	75	76	77	78	79	80
81	82	83	84	85	86	87	88	89	90

9씩 ■번 뛰어세기해서 동그라미(○)로 표시하고, 값을 적으세요 !

	9씩 ■번 뛰어세기	값
1번	0 9	9
2번	0 9 18	
3번	0 9 18 27	
4번	0 9 18 27 36	
5번	0 9 18 27 36 45	
6번	0 9 18 27 36 45 54	
7번	0 9 18 27 36 45 54 63	
8번	0 9 18 27 36 45 54 63 72	
9번	0 9 18 27 36 45 54 63 72 81	

+9 +9 +9 +9 +9 +9 +9 +9

확인

9부터 시작해서 9씩 커지는 수를 적어 보세요!

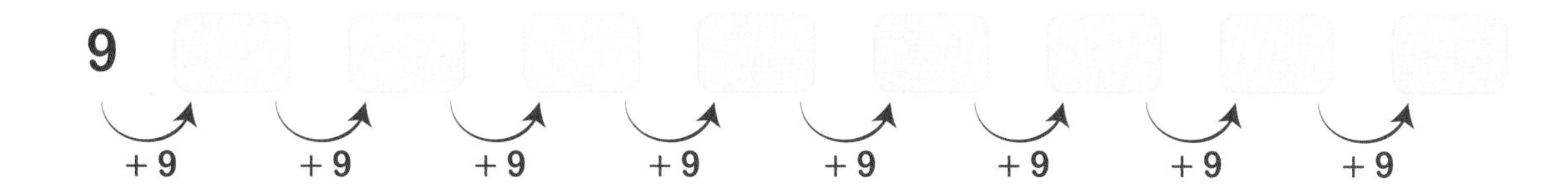

9씩 커지는 곱셈구구 9단! 덧셈식을 곱셈식으로 나타내세요!

9씩 커지는 덧셈식	곱셈식으로 나타내기
9	9 × 1 = 9 (더하는 수, 더하는 횟수)
9 + 9 =	9 × =
9 + 9 + 9 =	9 × =
9 + 9 + 9 + 9 =	9 × =
9 + 9 + 9 + 9 + 9 =	9 × =
9 + 9 + 9 + 9 + 9 + 9 =	9 × =
9 + 9 + 9 + 9 + 9 + 9 + 9 =	9 × =
9 + 9 + 9 + 9 + 9 + 9 + 9 + 9 =	9 × =
9 + 9 + 9 + 9 + 9 + 9 + 9 + 9 + 9 =	9 × =

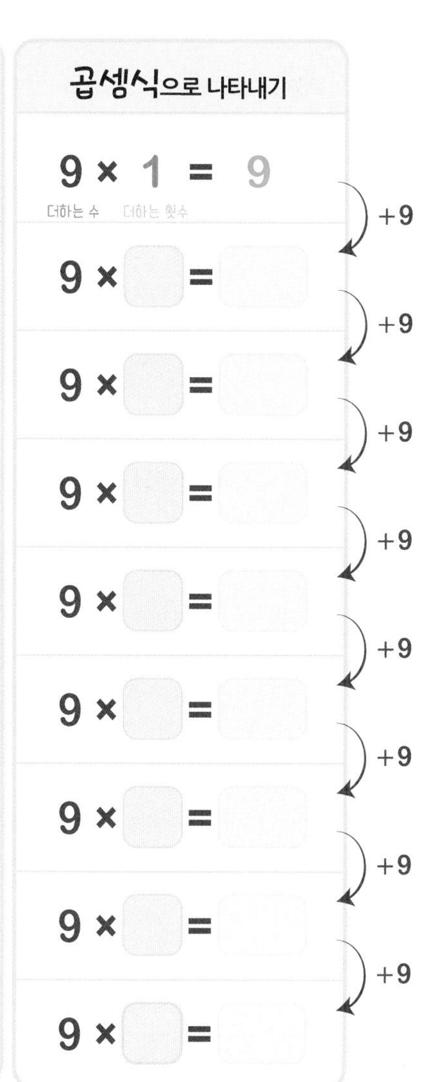

9단

곱셈구구 9단을 완성하고, 5번 읽어 보세요 !

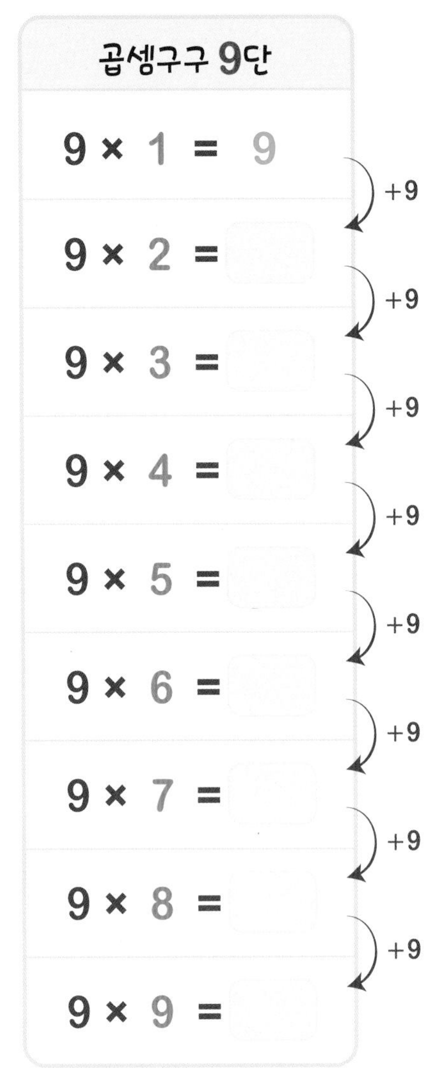

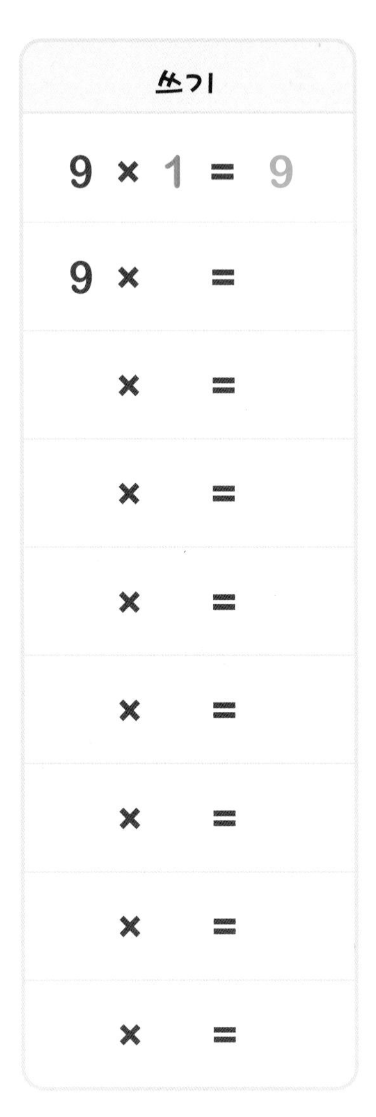

곱셈구구 9단	읽기	쓰기
9 × 1 = 9	구 일은 구	9 × 1 = 9
9 × 2 = (+9)	구 이 십팔	9 × =
9 × 3 = (+9)	구 삼 이십칠	× =
9 × 4 = (+9)	구 사 삼십육	× =
9 × 5 = (+9)	구 오 사십오	× =
9 × 6 = (+9)	구 육 오십사	× =
9 × 7 = (+9)	구 칠 육십삼	× =
9 × 8 = (+9)	구 팔 칠십이	× =
9 × 9 = (+9)	구 구 팔십일	× =

1번 읽을때마다 **하나씩** 지우세요 !

거꾸로 **3번** 읽어보세요 !

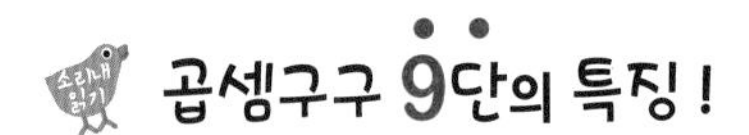

곱셈구구 9단의 특징 !

❶ 곱하는 수보다 **1 작은 수**가 **앞**의 수가 됩니다.
9×2=18, 9×3=27, 9×4=36,....

❷ **앞**의 수(십의 자리수)와 **뒤**(일의 자리수)의 수의 합이 **9** 입니다.
1+8=9, 2+7=9, 3+6=9....

❸ **앞**의 수(십의 자리수)는 **1** 씩 늘어나고, **뒤**의 수(일의 자리수)는 **1** 씩 줄어 듭니다.

0→1→2→3→4→5→6→7→8
09 18 27 36 45 54 63 72 81

9→8→7→6→5→4→3→2→1
9 18 27 36 45 54 63 72 81

곱셈구구 9단을 소리내 외우며 아래 문제를 풀어 보세요 !

①

9 × 1	9 × 2	9 × 3	9 × 4	9 × 5	9 × 6	9 × 7	9 × 8	9 × 9
9								

②

9 × 1	9 × 2	9 × 3	9 × 4	9 × 5	9 × 6	9 × 7	9 × 8	9 × 9
9								

→ +9 → +9 → +9 → +9 → +9 → +9 → +9 → +9

③

9 × 9	9 × 8	9 × 7	9 × 6	9 × 5	9 × 4	9 × 3	9 × 2	9 × 1
81								

④

×	1 (더하는 횟수)	2	3	4	5	6	7	8	9
9 (더하는 수)	9				45				

↑ 9×1=　↑ 9×2=

⑤ 곱셈구구 9단을 외우며 해당하는 숫자에 ○ 표 하세요 !

1	2	3	4	5	6	7	8	(9)	10
11	12	13	14	15	16	17	(18)	19	20
21	22	23	24	25	26	27	28	29	30
31	32	33	34	35	36	37	38	39	40
41	42	43	44	45	46	47	48	49	50
51	52	53	54	55	56	57	58	59	60
61	62	63	64	65	66	67	68	69	70
71	72	73	74	75	76	77	78	79	80
81	82	83	84	85	86	87	88	89	90

1초만에 생각나지 않았다면
2번 더 외우세요 !

곱셈구구 9단의 연습(1)

월 일
시

아래 곱셈의 값을 구하세요 !

① $9 \times 1 =$

② $9 \times 3 =$

③ $9 \times 7 =$

④ $9 \times 8 =$

⑤ $9 \times 4 =$

⑥ $9 \times 9 =$

⑦ $9 \times 5 =$

⑧ $9 \times 6 =$

⑨ $9 \times 2 =$

⑩ $9 \times 4 =$

⑪ $9 \times 9 =$

⑫ $9 \times 2 =$

⑬ $9 \times 6 =$

⑭ $9 \times 1 =$

⑮ $9 \times 3 =$

⑯ $9 \times 8 =$

⑰ $9 \times 7 =$

⑱ $9 \times 5 =$

1초만에 생각나지 않았다면
2번 더 외우고 오세요~~ !

확인

곱셈구구 9단을 생각하며 아래 문제를 풀어 보세요 !

①

②
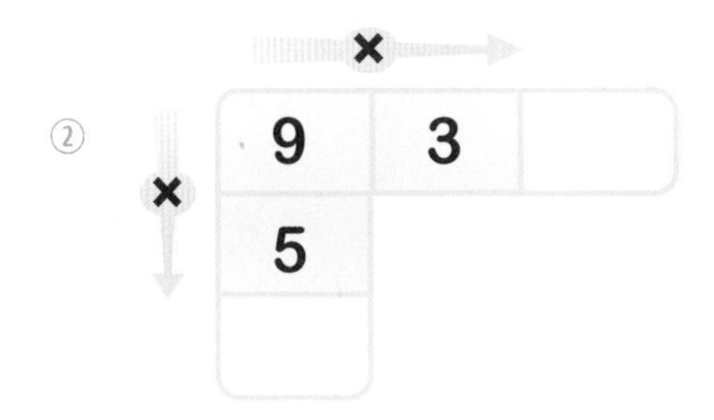

③
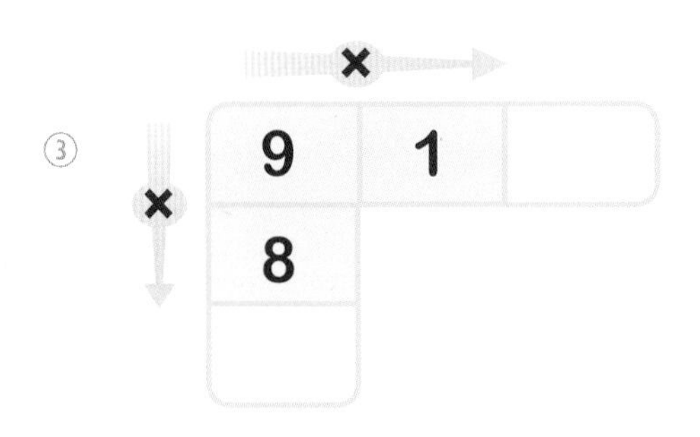

④
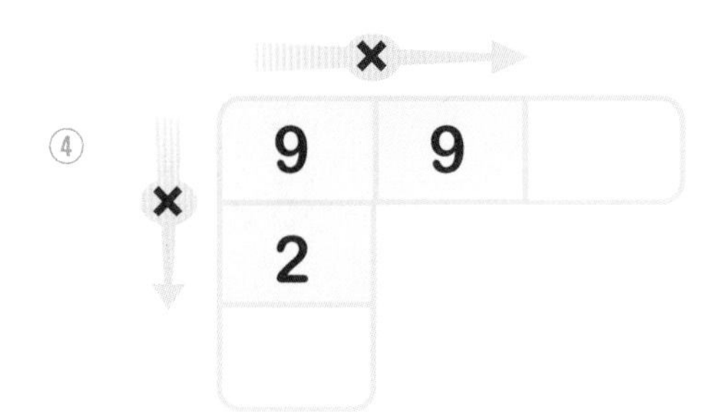

⑤
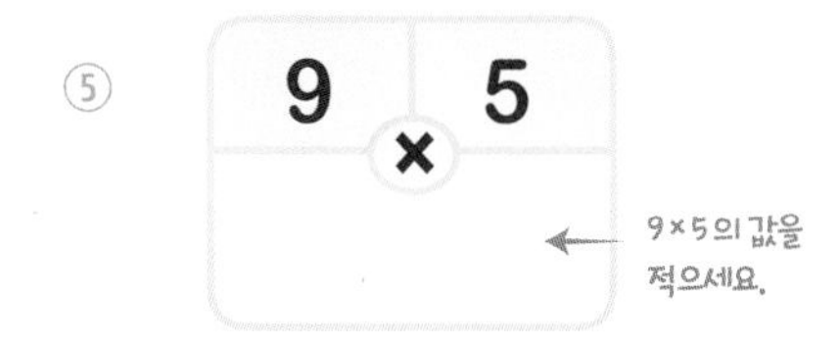

⑥

⑦

⑧

⑨ 9 × 6

⑩ 9 × 8

곱셈구구 9단의 연습(2)

소리내 풀기 아래 곱셈구구 9단의 값을 옆에 적으세요 !

① $9 \times 3 =$

② $9 \times 8 =$

③ $9 \times 1 =$

④ $9 \times 7 =$

⑤ $9 \times 6 =$

⑥ $9 \times 2 =$

⑦ $9 \times 5 =$

⑧ $9 \times 9 =$

⑨ $9 \times 4 =$

⑩ $9 \times 1 =$

⑪ $9 \times 7 =$

⑫ $9 \times 5 =$

⑬ $9 \times 4 =$

⑭ $9 \times 3 =$

⑮ $9 \times 8 =$

⑯ $9 \times 9 =$

⑰ $9 \times 2 =$

⑱ $9 \times 6 =$

⑲ $9 \times 5 =$

⑳ $9 \times 2 =$

㉑ $9 \times 8 =$

㉒ $9 \times 1 =$

㉓ $9 \times 9 =$

㉔ $9 \times 7 =$

㉕ $9 \times 6 =$

㉖ $9 \times 4 =$

㉗ $9 \times 3 =$

곱셈구구 9단을 생각하며 아래 문제를 풀어 보세요 !

①
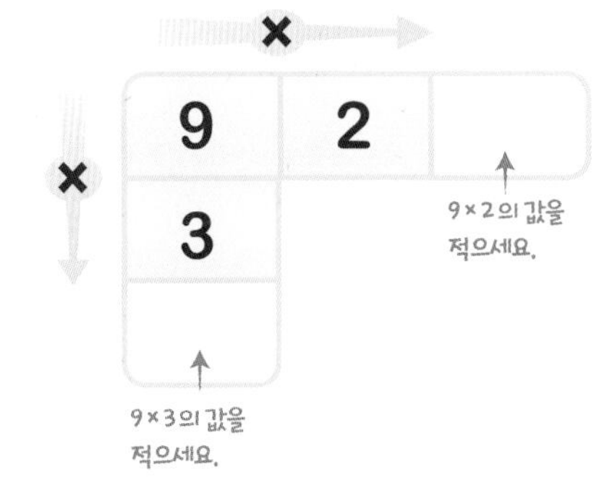

②
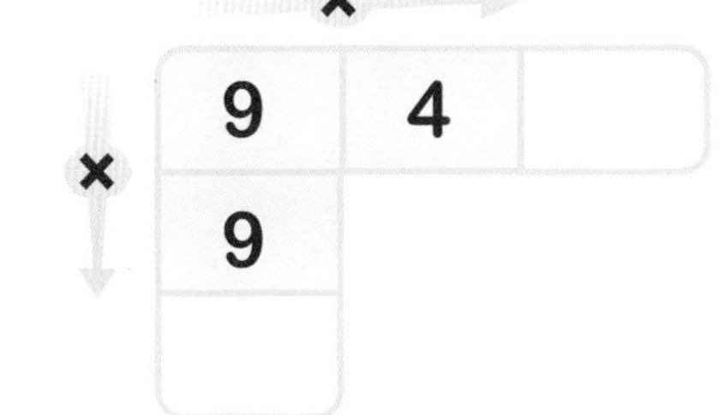

③
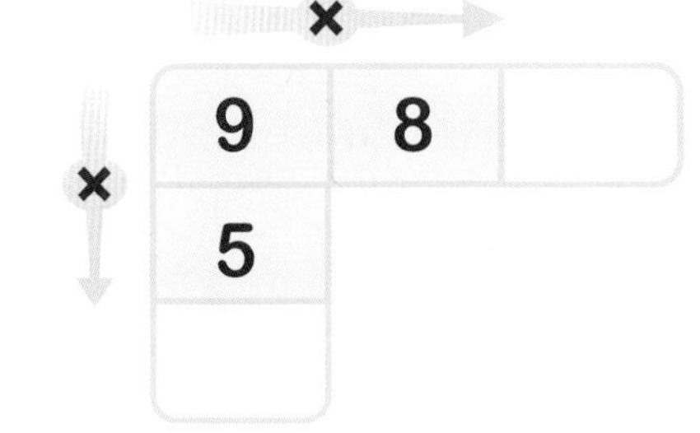

④
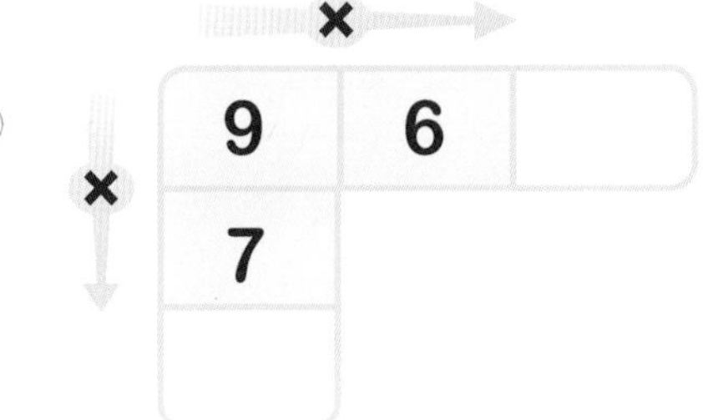

⑤

⑥

⑦ 9 × 7

⑧ 9 × 3

⑨ 9 × 8

⑩
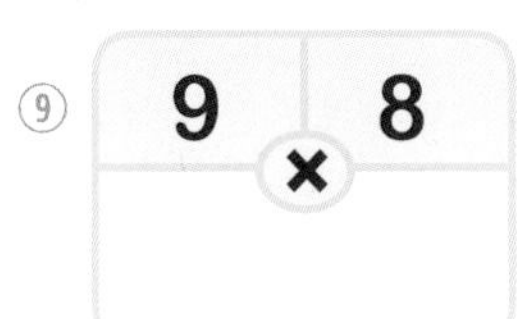

⑪
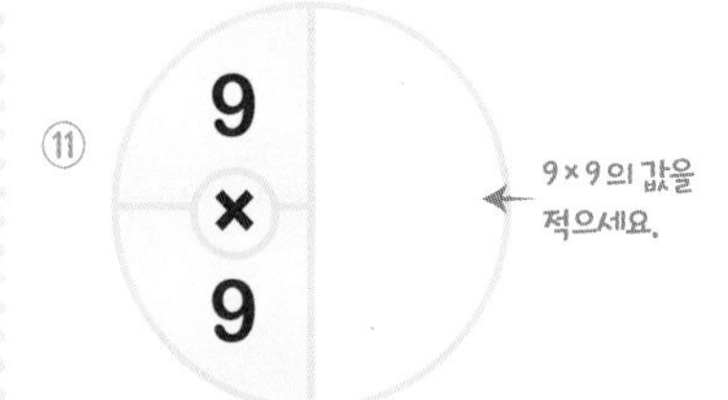

⑫
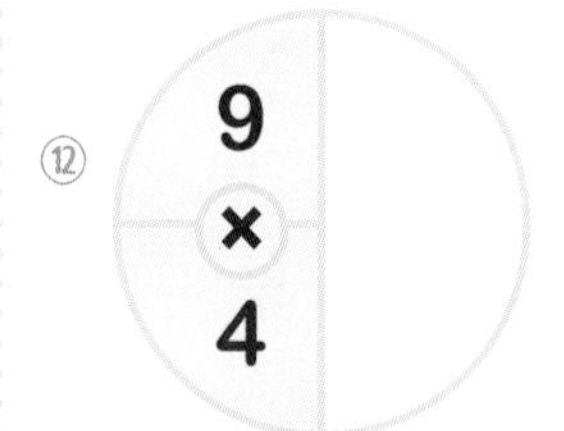

⑬
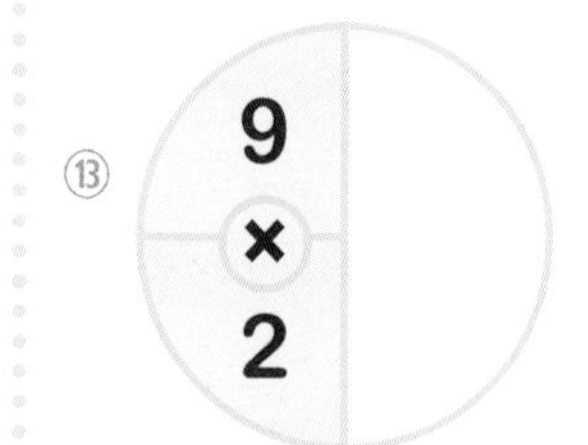

⑭
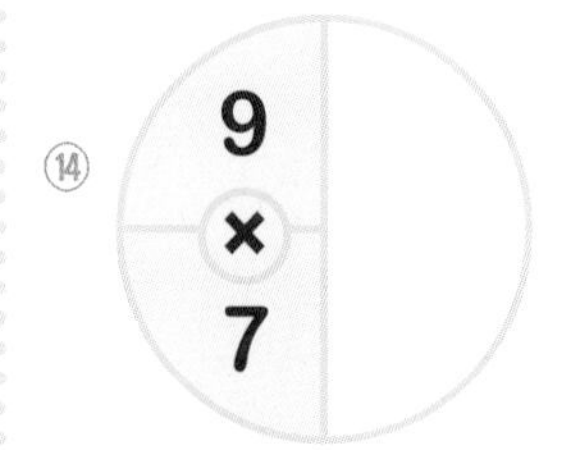

⑮
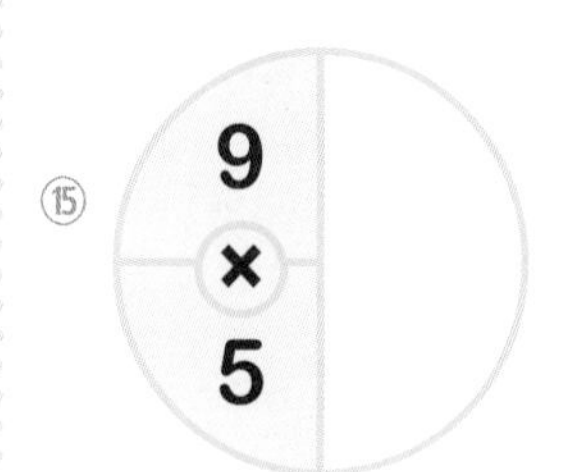

⑯
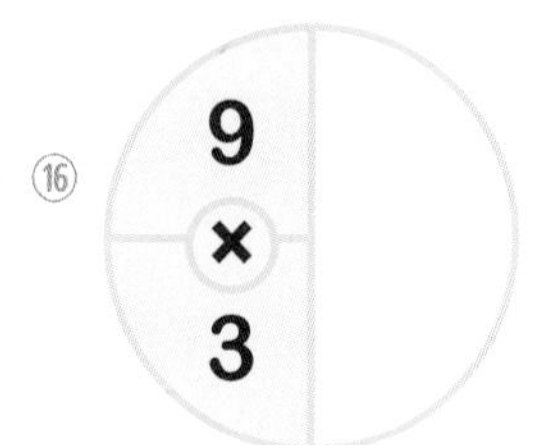

곱셈구구 9단의 연습(3)

월 일
시

아래 곱셈구구 9단의 값을 옆에 적으세요 !

① 9 × 4 =

② 9 × 2 =

③ 9 × 6 =

④ 9 × 8 =

⑤ 9 × 1 =

⑥ 9 × 9 =

⑦ 9 × 7 =

⑧ 9 × 5 =

⑨ 9 × 3 =

⑩ 9 × 6 =

⑪ 9 × 1 =

⑫ 9 × 4 =

⑬ 9 × 7 =

⑭ 9 × 3 =

⑮ 9 × 2 =

⑯ 9 × 8 =

⑰ 9 × 9 =

⑱ 9 × 5 =

⑲ 9 × 7 =

⑳ 9 × 3 =

㉑ 9 × 8 =

㉒ 9 × 5 =

㉓ 9 × 6 =

㉔ 9 × 9 =

㉕ 9 × 1 =

㉖ 9 × 2 =

㉗ 9 × 4 =

곱셈구구 9단을 생각하며, 아래 문제를 풀어보세요 !

① 9명씩 줄을 서서 7줄이 모였다면, 모인 사람은 모두 몇 명일까요 ?

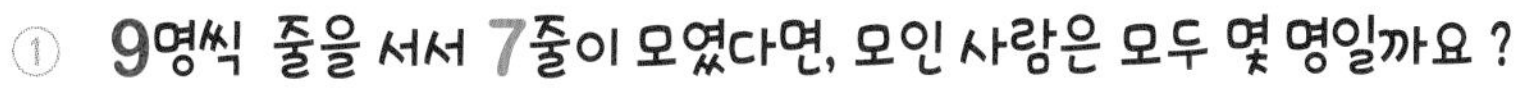

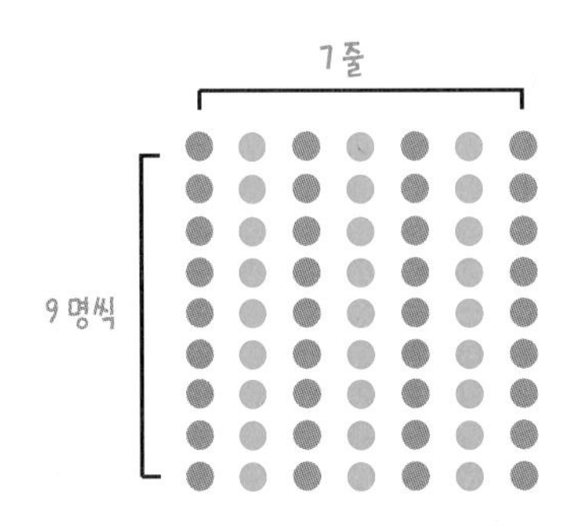

식) 9 × 7 =
(1줄당 사람수) (줄 수)

답) 명

② 꼬리 9개 달린 여우(구미호)가 6마리 있습니다. 꼬리는 모두 몇 개 일까요?

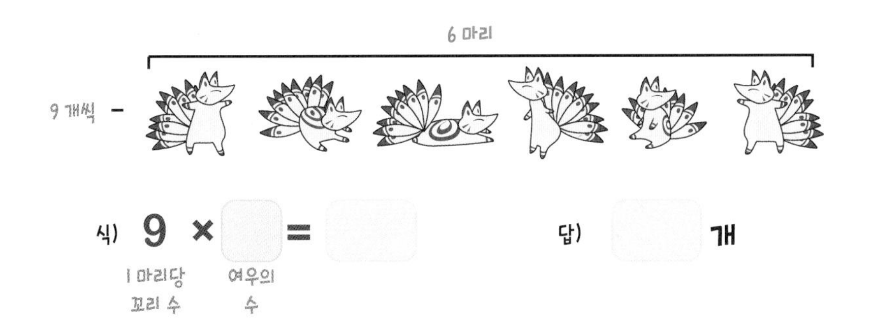

식) 9 × =
(1 마리당 꼬리 수) (여우의 수)

답) 개

③ 9개씩 알이 달린 포도가 8송이 있으면, 포도알은 모두 몇 개 일까요 ?

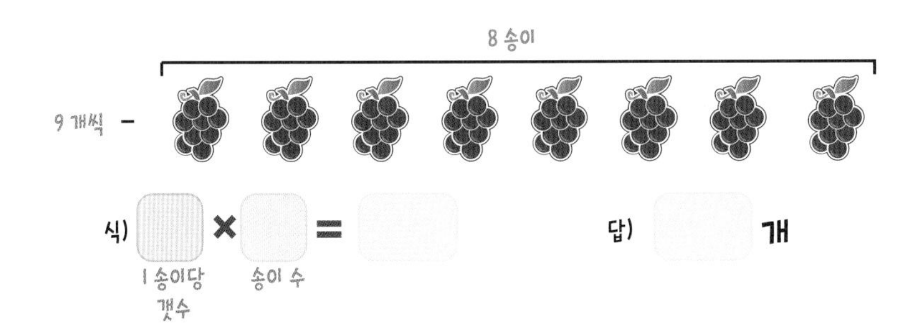

식) × =
(1 송이당 갯수) (송이 수)

답) 개

곱셈구구 9단을 정성들여 적고, 마무리 합니다 !

쓰기
9 × 1 = 9
9 × =
× =
× =
× =
× =
× =
× =
× =

이것으로 **곱셈구구 9 단**을 완전히 익혔습니다.

이제 **8 단~9 단**을 연습합니다.

9 단

곱셈구구 8단 ~ 9단의 연습 (1)

월 일 시

곱셈구구 8단~9단을 소리내 외우며, 아래의 원에 값을 채워 보세요 ! 중앙에 있는 수 × 중간에 있는 수 의 값을 적으세요.

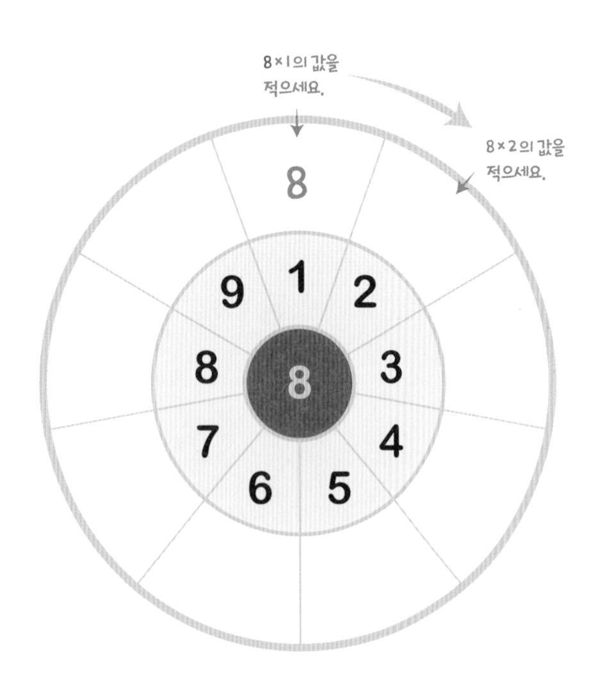

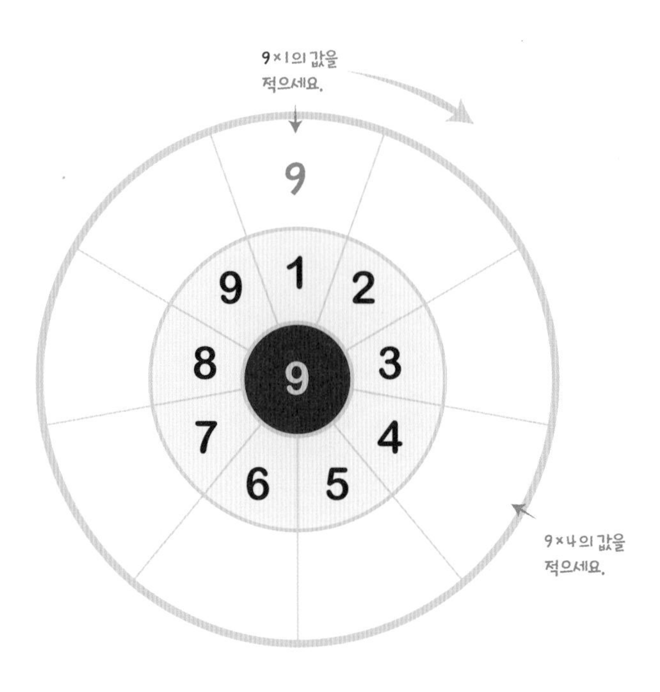

완성된 원을 보며 8단 ~ 9단까지

3번 소리내 외워 보세요 !

거꾸로 2번 읽어보세요 !

곱셈구구 8단~9단을 생각하며 , 아래의 네모에 값을 채워 보세요 ! 제일 앞에 있는 수 × 제일 위에 있는 수 의 값을 적으세요.

×	4	6	8
8	32 (8×4의 값을 적으세요.)		
9		9×6의 값을 적으세요.	9×8의 값을 적으세요.

×	1	7	9
9	9×1의 값을 적으세요.		
8	8×1의 값을 적으세요.		

소리내 풀기 아래 곱셈구구의 값을 구하세요 !

① $8 \times 5 =$

② $9 \times 7 =$

③ $9 \times 6 =$

④ $8 \times 8 =$

⑤ $8 \times 9 =$

⑥ $8 \times 2 =$

⑦ $9 \times 4 =$

⑧ $9 \times 3 =$

⑨ $8 \times 1 =$

⑩ $9 \times 5 =$

⑪ $9 \times 1 =$

⑫ $9 \times 3 =$

⑬ $8 \times 9 =$

⑭ $8 \times 8 =$

⑮ $9 \times 4 =$

⑯ $8 \times 7 =$

⑰ $8 \times 2 =$

⑱ $9 \times 6 =$

⑲ $8 \times 6 =$

⑳ $9 \times 2 =$

㉑ $8 \times 4 =$

㉒ $9 \times 8 =$

㉓ $9 \times 3 =$

㉔ $8 \times 5 =$

㉕ $9 \times 1 =$

㉖ $9 \times 9 =$

㉗ $8 \times 7 =$

※ 값이 1초 만에 생각나지 않으면, 해당하는 곱셈구구를 1번 더 꼼꼼히 외우고, 다시 풉니다.

※ 정답과 맞춘 후 틀린 것이 있으면, 해당하는 곱셈구구를 틀린 수만큼 꼼꼼히 다시 외웁니다.

곱셈구구 8단 ~ 9단의 연습 (2)

월 일
시

소리내 풀기 곱셈구구 8단~9단을 생각하며, 아래의 네모에 값을 채워 보세요! 제일 앞에 있는 수 × 제일 위에 있는 수 의 값을 적으세요.

×	1	6	9
8	8 (8×1의 값을 적으세요.)		
9		9×6의 값을 적으세요.	9×9의 값을 적으세요.

×	3	5	7
9	9×3의 값을 적으세요.		
8	8×3의 값을 적으세요.		

※ 값이 1초 만에 생각나지 않으면, 해당하는 곱셈구구 를 1번 더 꼼꼼이 외우고, 다시 풉니다.

×	2	4	8
9			
8			

×	6	8	7
8			
9			

소리내 풀기 아래 곱셈구구의 값을 구하세요!

① $9 \times 6 =$

② $8 \times 5 =$

③ $9 \times 4 =$

④ $8 \times 3 =$

⑤ $9 \times 7 =$

⑥ $8 \times 6 =$

⑦ $9 \times 2 =$

⑧ $8 \times 9 =$

⑨ $9 \times 8 =$

※ 정답과 맞춘 후 틀린 것이 있으면, 해당하는 곱셈구구 를 틀린 수만큼 꼼꼼히 다시 외웁니다.

아래 곱셈구구를 완성하고, 8단~9단을 천천히 꼼꼼히 2번 읽으세요 !

곱셈구구 8단
8 × 1 =
8 × 2 =
8 × 3 =
8 × 4 =
8 × 5 =
8 × 6 =
8 × 7 =
8 × 8 =
8 × 9 =

곱셈구구 9단
9 × 1 =
9 × 2 =
9 × 3 =
9 × 4 =
9 × 5 =
9 × 6 =
9 × 7 =
9 × 8 =
9 × 9 =

※ 이제 구구단을 확실히 익혔습니다 !
부족한 곳은 1초만에 값이 나올때까지
익히도록 노력하고,
다음에 배울 곱셈구구을 전체적으로
외워보는 단계에서
더 다지도록 합니다 !

곱셈구구 1 단

월 일
시

1단 곱셈구구

1에 어떤 수를 곱하면 어떤 수가 됩니다.

1 × ■ = ■

※ 사탕이 1개씩 들어있는 선물을 5개 열어서 모아보면, 사탕은 5개가 됩니다.

곱셈구구 1단의 원리를 이해하고, 아래 곱셈을 완성하세요 !

1부터 시작해서 1씩 커지는 수를 적어 보세요 !

1

+1

+1

+1

+1

+1

+1

+1

+1

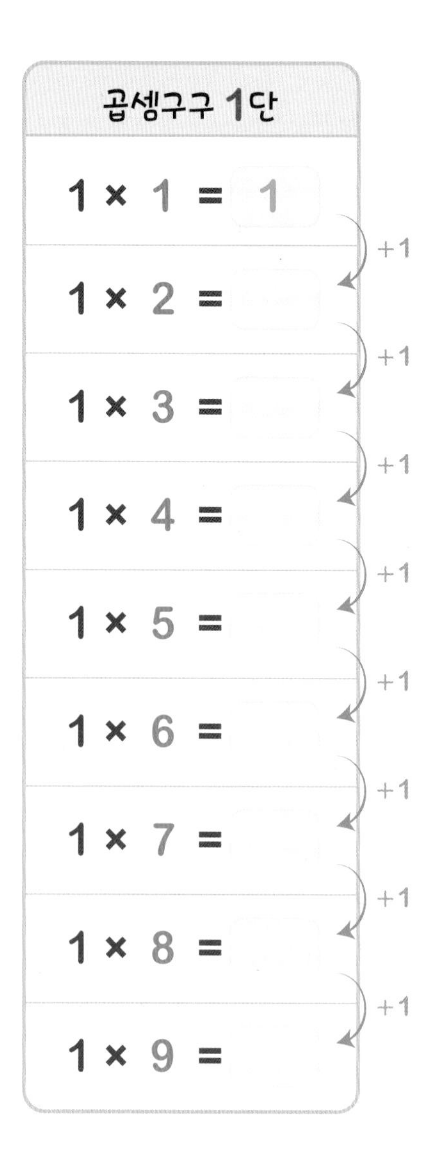

곱셈구구 1단
1 × 1 = 1
1 × 2 =
1 × 3 =
1 × 4 =
1 × 5 =
1 × 6 =
1 × 7 =
1 × 8 =
1 × 9 =

제5장

곱셈구구 다지기!

평생 쓸 곱셈구구! 다지고 익혀서 확실히 기억합니다!

곱셈구구표 란?

"곱셈구구의 1단~9단까지를 가로, 세로로 적은 표

×	1	2	3	4	5	6	7	8	9
1	1	2	3	4	5	6	7	8	9
2	2	4	6	8	10	12	14	16	18
3	3	6	9	12	15	18	21	24	27
4	4	8	12	16	20	24	28	32	36
5	5	10	15	20	25	30	35	40	45
6	6	12	18	24	30	36	42	48	54
7	7	14	21	28	35	42	49	56	63
8	8	16	24	32	40	48	56	64	72
9	9	18	27	36	45	54	63	72	81

※ 곱셈구구를 외우면서 적으면 쉽게 만들 수 있어요!

곱셈구구 전체를 외우면서 아래 곱셈구구표를 완성해 보세요! 제일 앞에 있는 수 × 제일 위에 있는 수의 값을 적으세요.
(제일 앞에 있는 수: 곱해지는 수, 제일 위에 있는 수: 곱하는 수)

곱하는 수 / 곱해지는 수

×	1	2	3	4	5	6	7	8	9
1	1 (1×1의 값을 적으세요.)								9
2			6						
3		6			15				
4								32	
5			15						
6							42		
7						42			63
8				32					
9	9						63		

아래 곱셈구구표를 점선(대각선)으로 접으면 만나는 곳의 값이 똑같습니다 !

곱하는 수

곱해지는 수

×	1	2	3	4	5	6	7	8	9
1	1	2	3	4	5	6	7	8	9
2	2	4	6	8	10	12	14	16	18
3	3	6	9	12	15	18	21	24	27
4	4	8	12	16	20	24	28	32	36
5	5	10	15	20	25	30	35	40	45
6	6	12	18	24	30	36	42	48	54
7	7	14	21	28	35	42	49	56	63
8	8	16	24	32	40	48	56	64	72
9	9	18	27	36	45	54	63	72	81

점선으로 접으면 값이 같습니다. (대칭 입니다.)

※ 곱해지는 수와 곱하는 수의 자리가 바뀌어도 값은 같습니다.

▲ × ■ = ★
■ × ▲ = ★

$2 \times 3 = 6$
$3 \times 2 = 6$

※ 2개씩 3봉지 = 6개
3개씩 2봉지 = 6개

$8 \times 7 = 56$
$7 \times 8 = 56$

※ 8개씩 7봉지 = 56개
7개씩 8봉지 = 56개

모눈종이(사각 모양)의 사각형을 보고 색칠된 칸의 수를 맞춰 보세요 !

보기)

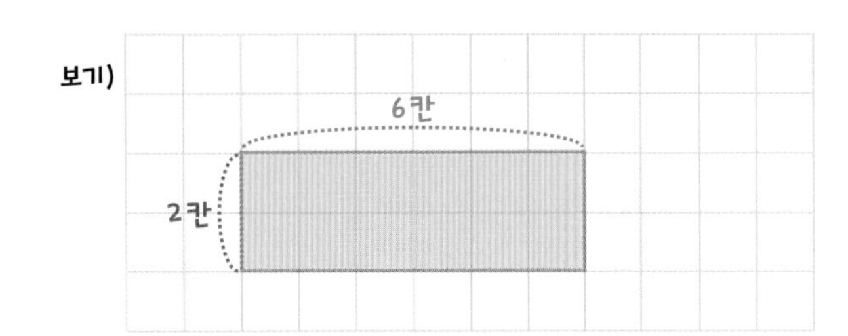

식) 2×6=12 답) 12칸

또는 6×2=12

①

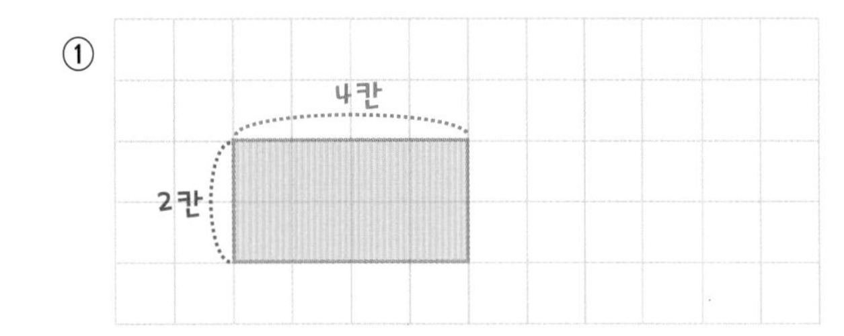

식) × =

또는 × = 답) 칸

②

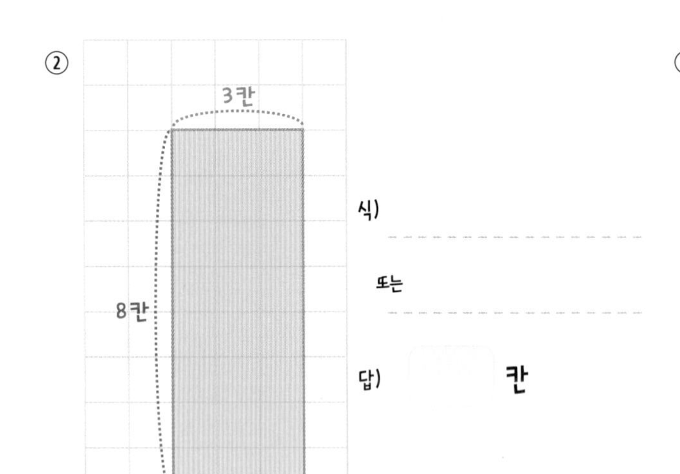

식)

또는

답) 칸

③

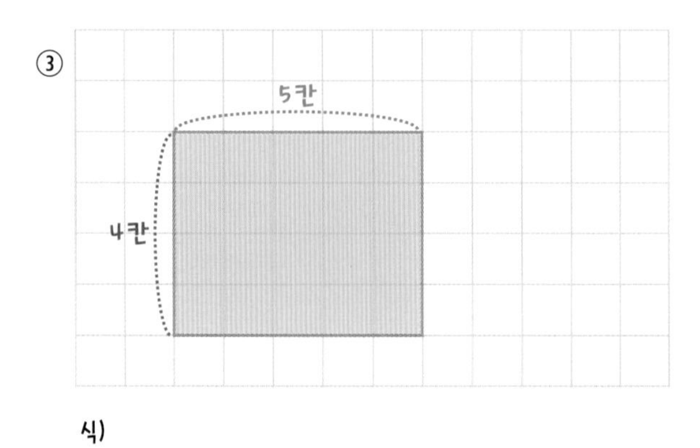

식)

또는 답) 칸

④

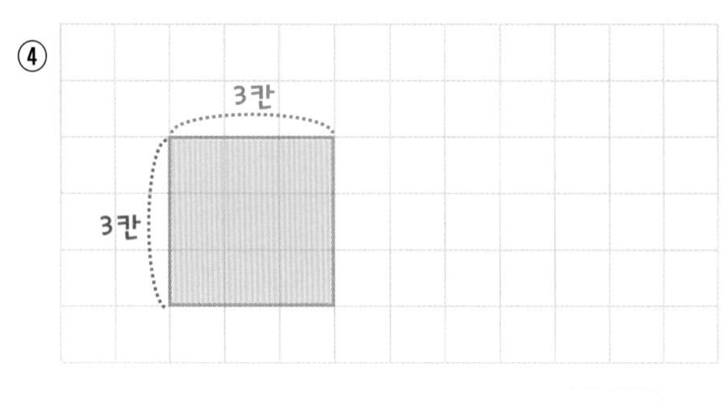

식) 답) 칸

⑤

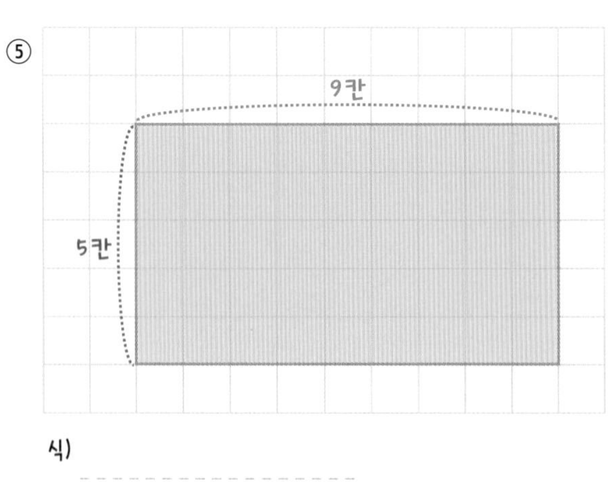

식)

또는 답) 칸

곱셈식을 모눈종이에 사각형으로 표현하고, 차지하는 칸의 수를 곱셈식의 값과 확인하세요 !

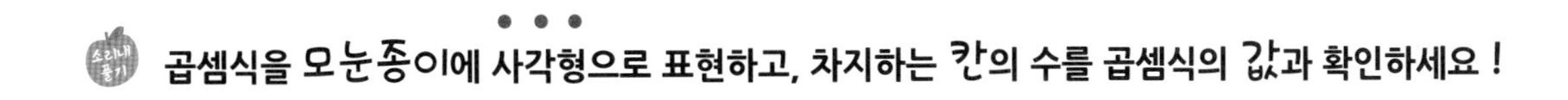

보기) 1 × 3

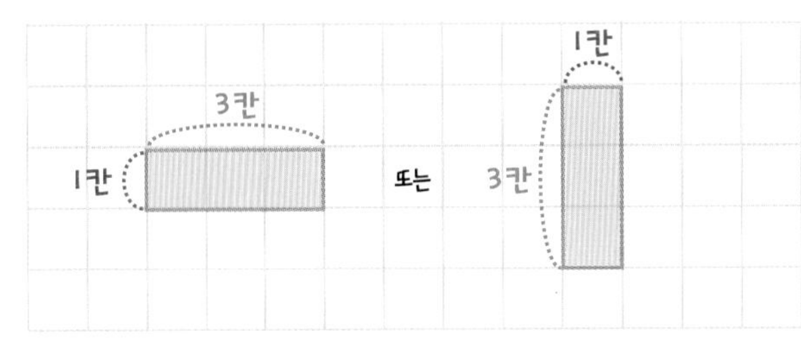

사각형의 칸의 수) 3칸

① 3 × 4

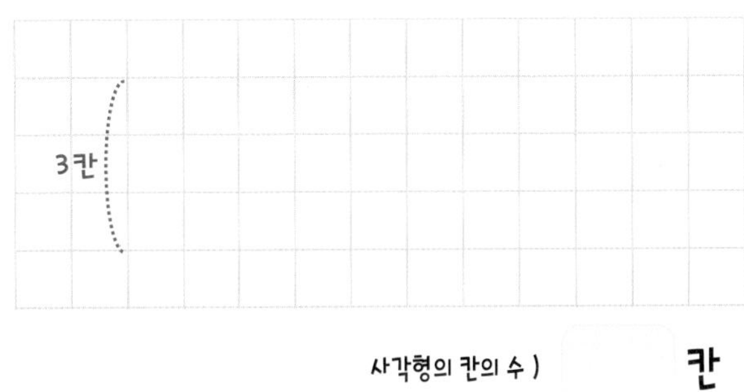

사각형의 칸의 수) 칸

② 6 × 7

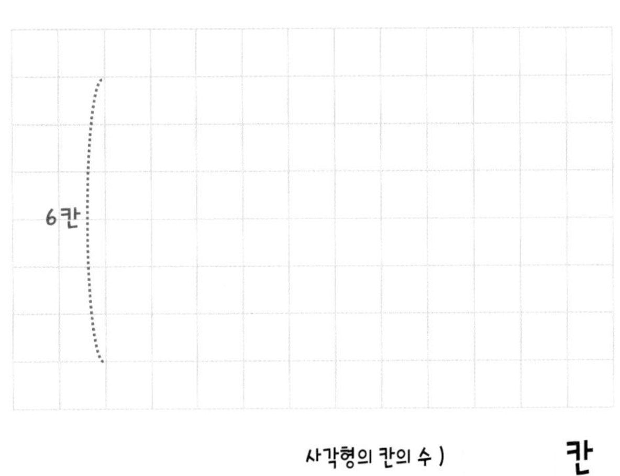

사각형의 칸의 수) 칸

③ 5 × 5

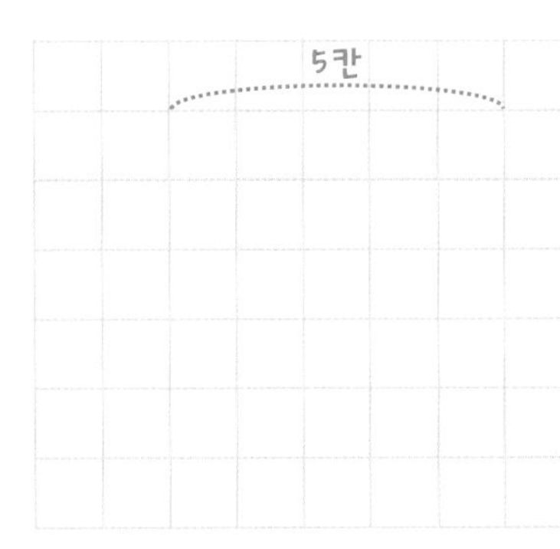

사각형의 칸의 수) 칸

④ 2 × 8

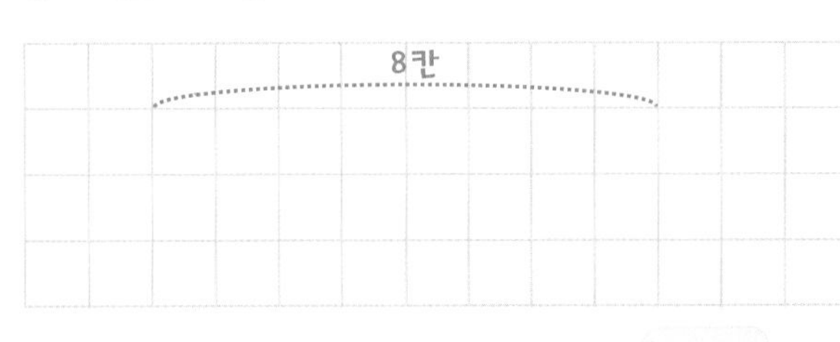

사각형의 칸의 수) 칸

⑤ 8 × 2

사각형의 칸의 수) 칸

월 일 시

곱셈구구를 외우면서 아래 표를 완성해 보세요! 제일 앞에 있는 수 × 제일 위에 있는 수 의 값을 적으세요.

×	1	2	3	4	5	6	7	8	9
2	2 (2×1의 값을 적으세요.)	4							
4	4	8							
8									

×2, ×2 / 2배, 2배

×	1	2	3	4	5	6	7	8	9
3									
6									
9									

×2, ×3 / 2배, 3배

×	1	2	3	4	5	6	7	8	9
5									
7									

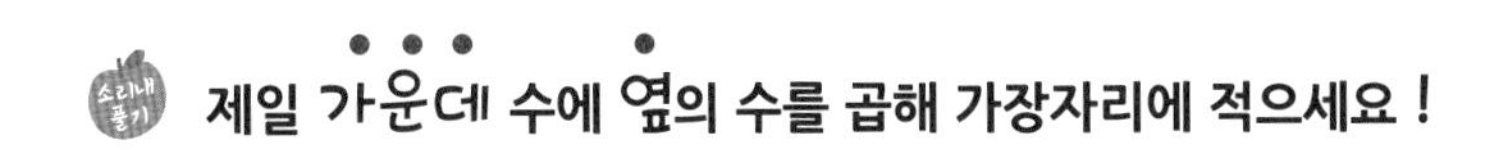

제일 가운데 수에 옆의 수를 곱해 가장자리에 적으세요 !

①
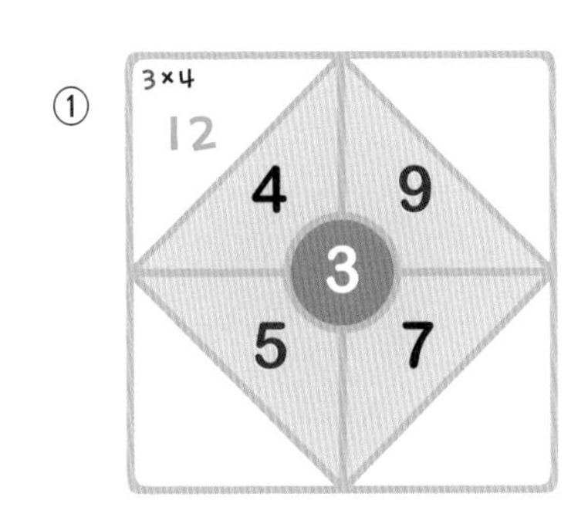

②
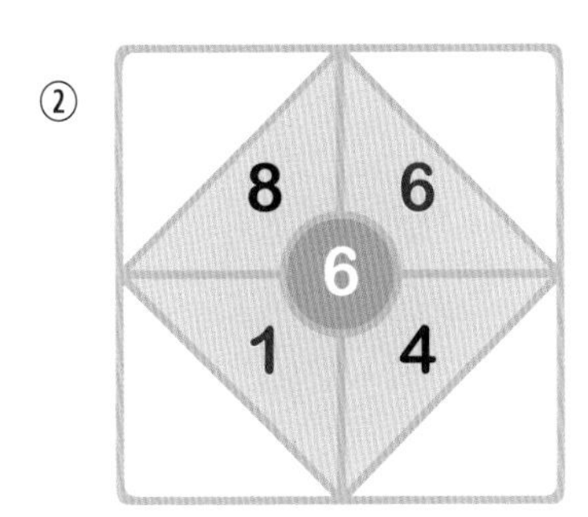

③
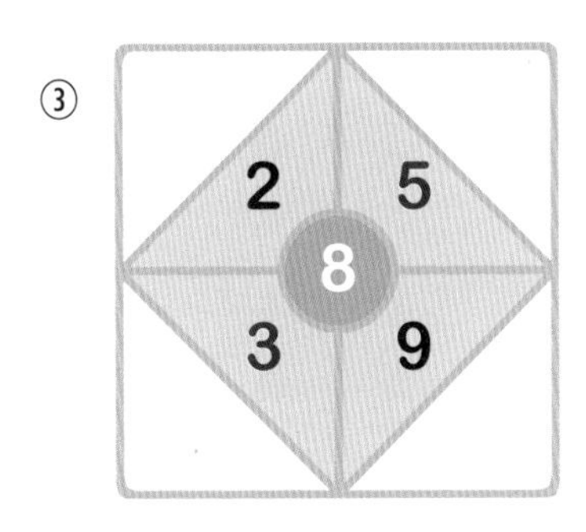

④
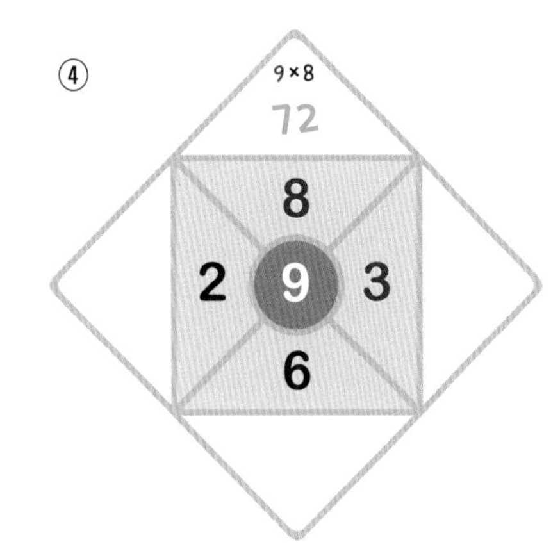

⑤
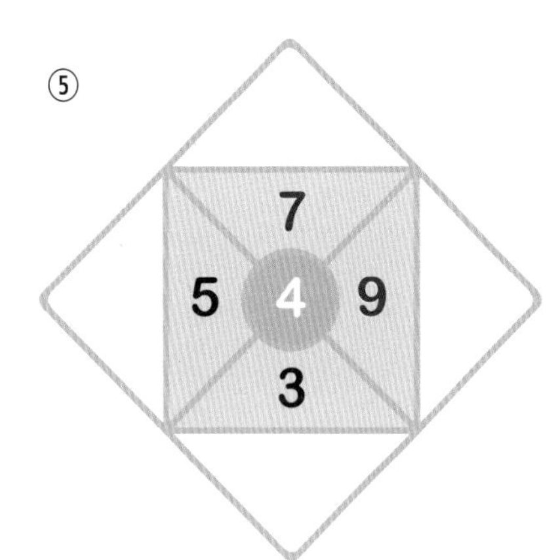

⑥
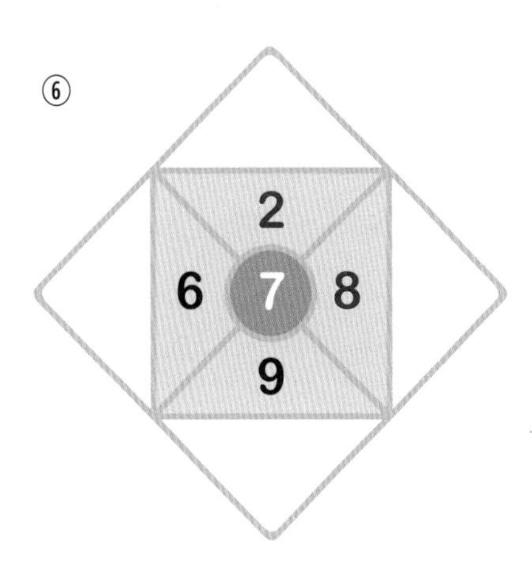

곱셈구구 다지기 (1)

월 일
시

아래 곱셈의 값을 구하세요 !

① $2 \times 1 =$

② $3 \times 3 =$

③ $5 \times 7 =$

④ $8 \times 8 =$

⑤ $9 \times 4 =$

⑥ $7 \times 9 =$

⑦ $6 \times 5 =$

⑧ $8 \times 6 =$

⑨ $4 \times 2 =$

※ 값이 1초 만에 생각나지 않으면, 해당하는 곱셈구구를 1번 더 꼼꼼히 외우고, 다시 풉니다.

⑩ $6 \times 4 =$

⑪ $4 \times 9 =$

⑫ $5 \times 2 =$

⑬ $3 \times 6 =$

⑭ $9 \times 1 =$

⑮ $1 \times 3 =$

⑯ $8 \times 8 =$

⑰ $9 \times 7 =$

⑱ $7 \times 5 =$

⑲ $7 \times 6 =$

⑳ $9 \times 2 =$

㉑ $7 \times 4 =$

㉒ $6 \times 8 =$

㉓ $5 \times 3 =$

㉔ $8 \times 5 =$

㉕ $3 \times 8 =$

㉖ $8 \times 9 =$

㉗ $4 \times 7 =$

※ 정답과 맞춘 후 틀린 것이 있으면, 해당하는 곱셈구구를 틀린 수만큼 꼼꼼히 다시 외웁니다.

두 수의 곱셈에서 하나의 수와 값을 알때, 모르는 수를 구하세요 !

보기) $8 \times \square = 32$

※ 아는 수인 8 단을 외우다가 값이 32일때의 수를 적으면 됩니다.

$8 \times (4) = 32$

① $2 \times \square = 8$

② $5 \times \square = 25$

③ $4 \times \square = 12$

④ $6 \times \square = 42$

⑤ $7 \times \square = 28$

보기) $\square \times 5 = 30$

※ 아는 수인 5 단을 외우다가 값이 30일때의 수를 적으면 됩니다.

$5 \times (6) = 30$

⑥ $\square \times 3 = 18$

※ 곱셈은 두 수의 위치가 바뀌어도 값이 같기 때문에 곱하는 수를 모를 때도 옆과 같은 방법으로 구합니다.

⑦ $\square \times 9 = 54$

⑧ $\square \times 8 = 48$

⑨ $\square \times 7 = 49$

⑩ $\square \times 6 = 42$

모르는 수 □를 구하세요 !

① $3 \times \square = 12$

② $5 \times \square = 30$

③ $4 \times \square = 28$

④ $7 \times \square = 35$

⑤ $9 \times \square = 27$

⑥ $6 \times \square = 48$

⑦ $\square \times 2 = 18$

⑧ $\square \times 8 = 40$

⑨ $\square \times 7 = 56$

⑩ $\square \times 9 = 81$

⑪ $\square \times 6 = 42$

⑫ $\square \times 5 = 30$

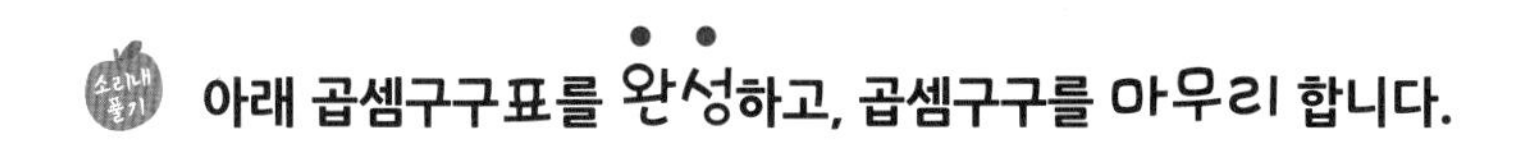

아래 곱셈구구표를 완성하고, 곱셈구구를 마무리 합니다.

×	1	2	3	4	5	6	7	8	9
1	1		3			6		8	
2				8					18
3		6					21		
4	4		12		20				
5		10				30			
6				24				48	
7	7				35		49		
8			24						72
9		18						72	

어떤 수에 0을 곱하면 0이 됩니다.

■ × 0 = 0

※ 사탕봉지 5개를 받았습니다.
각 봉지에 사탕이 0개씩 들어있다면,
모두 모아도, 사탕은 0개가 됩니다.

※ 아무것도 없는 것을 아무리 모아도
항상 아무것도 없습니다.

곱셈구구 0단의 원리를 이해하고,
아래 곱셈을 완성하세요 !

0부터 시작해서 0씩
커지는 수를 적어 보세요 !

0

+0

+0

+0

+0

+0

+0

+0

+0

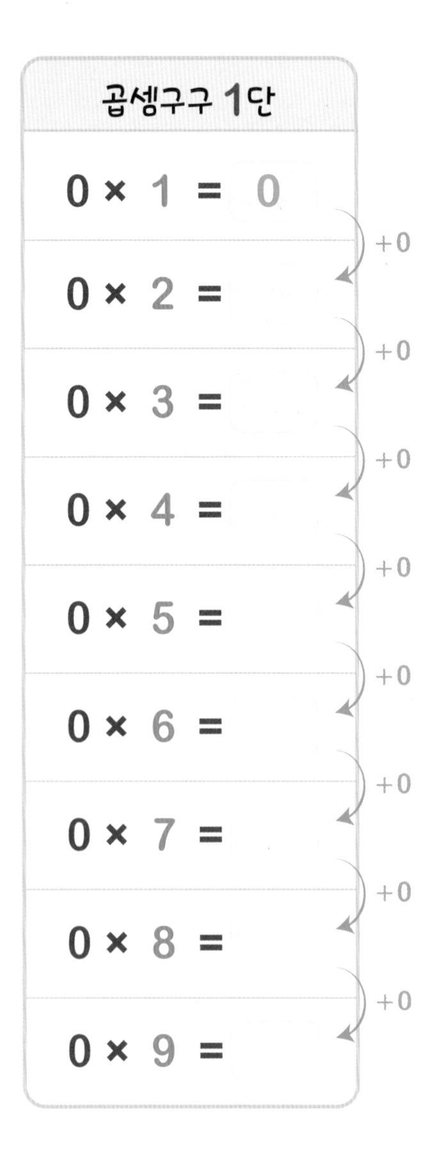

곱셈구구 1단
0 × 1 = 0
0 × 2 =
0 × 3 =
0 × 4 =
0 × 5 =
0 × 6 =
0 × 7 =
0 × 8 =
0 × 9 =

+0 +0 +0 +0 +0 +0 +0 +0

0단

어떤 수에 10을 곱하면 0이 뒤에 붙습니다.

■ × 10 = ■0

소리내 풀기 10씩 커지는 곱셈구구 10단! 덧셈식을 곱셈식으로 나타내세요!

10씩 커지는 덧셈식	곱셈식으로 나타내기
10	10 × 1 = 10 (더하는 수, 더하는 횟수)
10+10=	10 × 2 =
10+10+10=	10 × 3 =
10+10+10+10=	10 × 4 =
10+10+10+10+10=	10 × 5 =
10+10+10+10+10+10=	10 × 6 =
10+10+10+10+10+10+10=	10 × 7 =
10+10+10+10+10+10+10+10=	10 × 8 =
10+10+10+10+10+10+10+10+10=	10 × 9 =

+10 +10 +10 +10 +10 +10 +10 +10

10단

어떤 수에 11을 곱하면 어떤 수가 뒤에 또 붙습니다.

■ × 11 = ■■

11씩 커지는 곱셈구구 11단! 덧셈식을 곱셈식으로 나타내세요!

11씩 커지는 덧셈식	곱셈식으로 나타내기
11	11 × 1 = 11 (더하는 수, 더하는 횟수)
11+11=	11 × 2 =
11+11+11=	11 × 3 =
11+11+11+11=	11 × 4 =
11+11+11+11+11=	11 × 5 =
11+11+11+11+11+11=	11 × 6 =
11+11+11+11+11+11+11=	11 × 7 =
11+11+11+11+11+11+11+11=	11 × 8 =
11+11+11+11+11+11+11+11+11=	11 × 9 =

+11 +11 +11 +11 +11 +11 +11 +11

11단

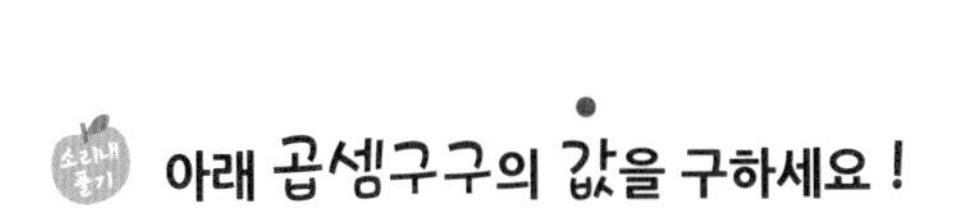

① 0 × 2 =

② 0 × 6 =

③ 0 × 3 =

④ 0 × 9 =

⑤ 0 × 5 =

⑥ 0 × 7 =

⑦ 0 × 4 =

⑧ 0 × 1 =

⑨ 0 × 8 =

⑩ 10 × 1 =

⑪ 10 × 7 =

⑫ 10 × 5 =

⑬ 10 × 2 =

⑭ 10 × 9 =

⑮ 10 × 8 =

⑯ 10 × 3 =

⑰ 10 × 6 =

⑱ 10 × 4 =

⑲ 11 × 3 =

⑳ 11 × 7 =

㉑ 11 × 4 =

㉒ 11 × 6 =

㉓ 11 × 1 =

㉔ 11 × 8 =

㉕ 11 × 2 =

㉖ 11 × 5 =

㉗ 11 × 9 =

① 젓가락은 2개가 1쌍입니다. 우리집 식구 5명의 젓가락을 식탁에 놓으려면 몇 개를 준비해야 할까요 ?

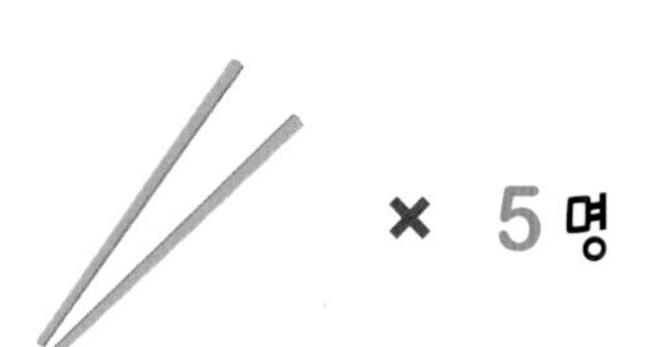

× 5 명

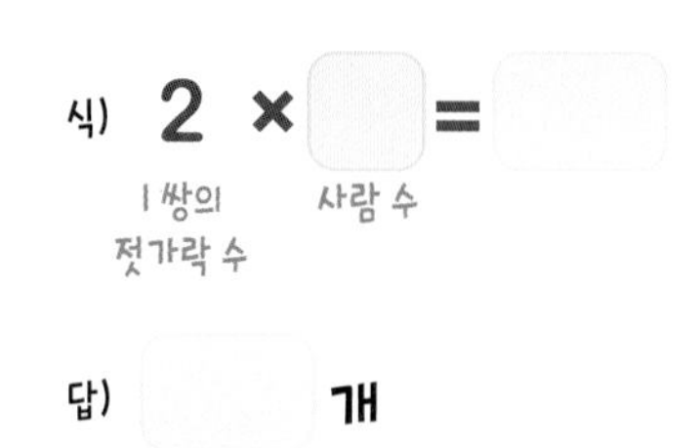

답) 개

② 삼각형은 뾰족한 곳이 3곳이기 때문에 삼각형입니다. 삼각형 7개의 뾰족한 곳은 모두 몇 개일까요 ?

× 7 개

식) 3 × =

답) 개

③ 다리가 4개인 의자 6개에서 앉을 때 소리가 나서 양말을 신기려고 합니다. 양말은 몇 개 필요할까요 ?

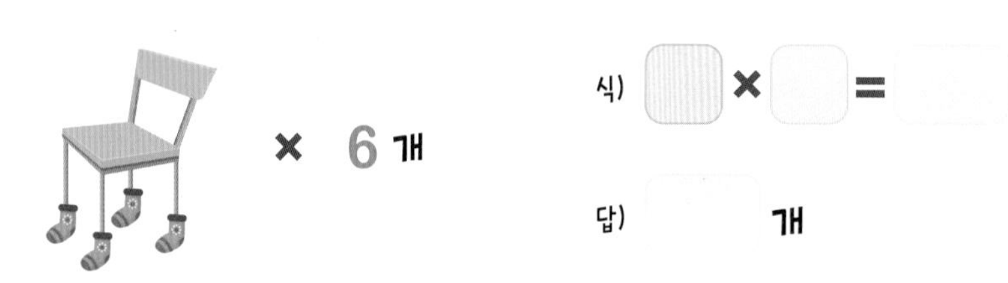

× 6 개

식) × =

답) 개

④ 시계의 긴바늘이 가리키는 숫자에 5를 곱하면 분이 됩니다. 긴바늘이 9를 가리킬때는 몇 분일까요 ?

× 5 분

식) × =

답) 분

⑤ 한 봉지에 6개 들어있는 빵을 7봉지 사왔습니다. 빵을 한곳에 모으면 모두 몇 개일까요 ?

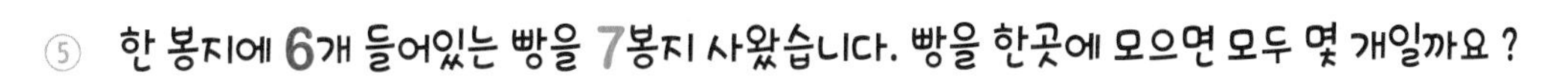

× 7 봉지

식) ☐ × ☐ =

답) 개

⑥ 우리집에서 유명한 아이스크림가게까지의 거리는 7km입니다. 갔다가 오는 거리는 총 몇 km일까요 ?

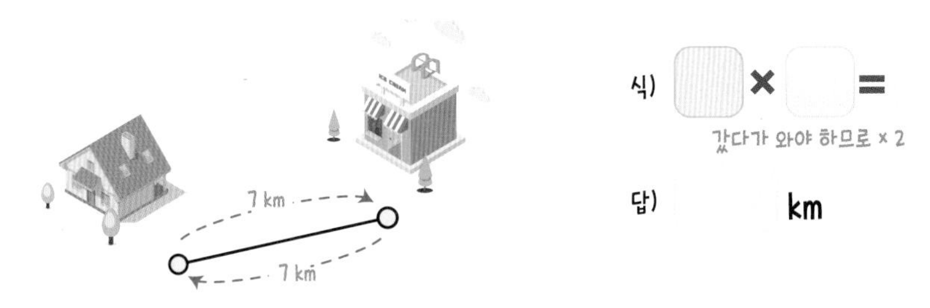

식) ☐ × ☐ =

갔다가 와야 하므로 × 2

답) km

⑦ 코스모스의 꽃잎은 8장입니다. 코스모스 4송이의 꽃잎은 모두 몇 장일까요 ?

× 4 송이

식) ☐ × ☐ =

답) 장

⑧ 야구는 9명이 하는 운동입니다. 8팀을 만들려면 선수는 몇 명이 있어야 할까요 ?

× 8 팀

식) ☐ × ☐ =

답) 명

곱셈구구표 연습(1)

월 일
시

아래 곱셈구구표를 3분내에 완성해 보세요 !

곱하는 수

×	1	2	3	4	5	6	7	8	9
1									
2									
3									
4									
5									
6									
7									
8									
9									

곱해지는 수

걸린 시간 : 분 초

아래 곱셈구구표를 2분 내에 완성해 보세요 !

×	1	2	3	4	5	6	7	8	9
2									
9									
1									
7									
3									
8									
5									
6									
4									

걸린 시간 : 분 초

곱셈구구표 연습(2)

소리내 풀기 아래 곱셈구구표를 1분 30초안에 완성해 보세요 !

곱하는 수

×	2	1	8	4	9	6	3	7	5
3									
7									
2									
9									
1									
5									
8									
6									
4									

곱해지는 수

걸린 시간 : 분 초

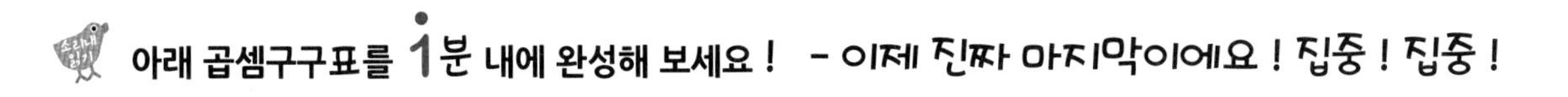

확인

아래 곱셈구구표를 1분 내에 완성해 보세요! - 이제 진짜 마지막이에요! 집중! 집중!

×	1	2	3	4	5	6	7	8	9
1									
2									
3									
4									
5									
6									
7									
8									
9									

걸린 시간 : 분 초

나는 이제 구구단 선수!

구구단 연습 엑셀파일 소개

아침 5분수학

하루10분 구구단 100칸 계산 (곱셈)

선생님확인	학부모확인

날짜 | 목표시간 : 2분이내 | 이름

학교/학원에서 소요시간 : 분 초

×	2	4	1	0	5	7	8	9	6	3	회차
0											1회
4											2회
7											3회
8											4회
9											5회
6											6회
3											7회
1											8회
2											9회
5											10회

※ 문제풀이 후 틀린문제는 1문제 당 10초씩 더해서 전체 시간으로 계산합니다.

집에서 소요시간 : 분 초

×	2	4	1	0	5	7	8	9	6	3	회차
0											1회
4											2회
7											3회
8											4회
9											5회
6											6회
3											7회
1											8회
2											9회
5											10회

※ 문제풀이 후 틀린문제는 1문제 당 10초씩 더해서 전체 시간으로 계산합니다.

☆ 공부는 복습이 가장 중요합니다.
위에 있는 사칙연산 100칸 연습 엑셀 파일을 받아 1주일에 1회~2회 연습을 합니다.

☆ 파일을 열때마다 바뀌는 신기한 문제지에요. 1년 365일 활용할 수 있어요 !

☆ www.obook.kr 의 교육자료실에 있습니다.

1장 같은 수 더하는 방법

08p
① 15
② 12
③ 30

09p
① 15
② 12
③ 30

10p
① 18
② 14
③ 36

11p
① 15
② 16
③ 40

12p
① 4,3
② 5,2
③ 9,5
④ 3,7
⑤ 8,6

13p
① 7,4,28
② 9,9,9,27
③ 2+2+2+2+2=10,
2×5=10
④ 4+4+4+4+4+4=24
4×6=24
⑤ 3+3+3+3=12
⑥ 6×5=30
⑦ 5×6=30
5+5+5+5+5+5=30
⑧ 8×2=16, 8+8=16

14p
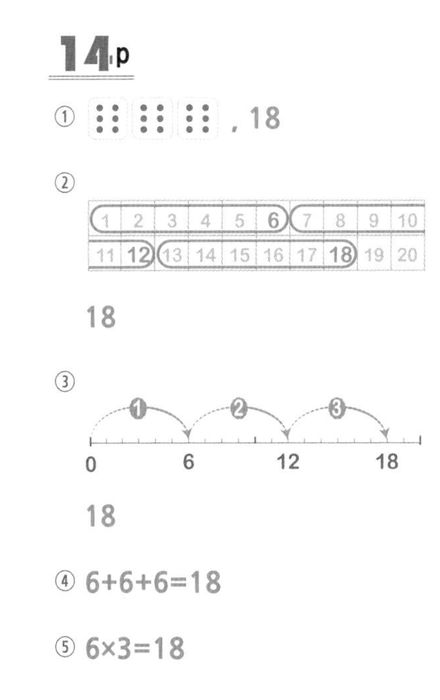

① , 18
②
18
③
18
④ 6+6+6=18
⑤ 6×3=18

2장 곱셈구구 2단~4단 익히기

16p

1	(2)	3	(4)	5	(6)	7	(8)	9	(10)
11	(12)	13	(14)	15	(16)	17	(18)	19	20
21	22	23	24	25	26	27	28	29	30
31	32	33	34	35	36	37	38	39	40
41	42	43	44	45	46	47	48	49	50
51	52	53	54	55	56	57	58	59	60
61	62	63	64	65	66	67	68	69	70
71	72	73	74	75	76	77	78	79	80
81	82	83	84	85	86	87	88	89	90

2	4	6	8	10	12	14	16	18

20p
① 2
② 6
③ 14
④ 16
⑤ 8
⑥ 18
⑦ 10
⑧ 12
⑨ 4
⑩ 8
⑪ 18
⑫ 4
⑬ 12
⑭ 2
⑮ 6
⑯ 16
⑰ 14
⑱ 10

21p
① 14, 8
② 6, 10
③ 2, 16
④ 18, 4
⑤ 10
⑥ 14
⑦ 6
⑧ 18
⑨ 12
⑩ 16

22p
① 6
② 16
③ 2
④ 14
⑤ 12
⑥ 4
⑦ 10
⑧ 18
⑨ 8
⑩ 2
⑪ 14
⑫ 10
⑬ 8
⑭ 6
⑮ 16
⑯ 18
⑰ 4
⑱ 12
⑲ 10
⑳ 4
㉑ 16
㉒ 2
㉓ 18
㉔ 14
㉕ 12
㉖ 8
㉗ 6

23p
① 12, 12
② 18, 18
③ 5, 10, 10

3단 곱셈구구

28p

① 3 ② 9 ③ 21 ④ 24 ⑤ 12 ⑥ 27 ⑦ 15 ⑧ 18 ⑨ 6 ⑩ 12 ⑪ 27 ⑫ 6 ⑬ 18 ⑭ 3 ⑮ 9 ⑯ 24 ⑰ 21 ⑱ 15

29p

① 21, 12 ② 9, 15 ③ 3, 24 ④ 27, 6 ⑤ 15 ⑥ 21 ⑦ 9 ⑧ 27 ⑨ 18 ⑩ 24

30p

① 9 ② 24 ③ 3 ④ 21 ⑤ 18 ⑥ 6 ⑦ 15 ⑧ 27 ⑨ 12 ⑩ 3 ⑪ 21 ⑫ 15 ⑬ 12 ⑭ 9 ⑮ 24 ⑯ 27 ⑰ 6 ⑱ 18 ⑲ 15 ⑳ 6 ㉑ 24 ㉒ 3 ㉓ 27 ㉔ 21 ㉕ 18 ㉖ 12 ㉗ 9

31p

① 6, 9 ② 12,27 ③ 24,15 ④ 18,21 ⑤ 18 ⑥ 3 ⑦ 21 ⑧ 9 ⑨ 24 ⑩ 6 ⑪ 27 ⑫ 12 ⑬ 6 ⑭ 21 ⑮ 15 ⑯ 9

32p

① 12 ② 6 ③ 18 ④ 24 ⑤ 3 ⑥ 27 ⑦ 21 ⑧ 15 ⑨ 9 ⑩ 18 ⑪ 3 ⑫ 12 ⑬ 21 ⑭ 9 ⑮ 6 ⑯ 24 ⑰ 27 ⑱ 15 ⑲ 21 ⑳ 9 ㉑ 24 ㉒ 15 ㉓ 18 ㉔ 27 ㉕ 3 ㉖ 6 ㉗ 12

33p

① 18, 18 ② 7,21,21 ③ 3, 9, 27, 27

4단

38p

① 4 ② 12 ③ 28 ④ 32 ⑤ 16 ⑥ 36 ⑦ 20 ⑧ 24 ⑨ 8 ⑩ 16 ⑪ 36 ⑫ 8 ⑬ 24 ⑭ 4 ⑮ 12 ⑯ 32 ⑰ 28 ⑱ 20

39p

① 28, 16 ② 12, 20 ③ 4, 32 ④ 36, 8 ⑤ 20 ⑥ 28 ⑦ 12 ⑧ 36 ⑨ 24 ⑩ 32

40p

① 12 ② 32 ③ 4 ④ 28 ⑤ 24 ⑥ 8 ⑦ 20 ⑧ 36 ⑨ 16 ⑩ 4 ⑪ 28 ⑫ 20 ⑬ 16 ⑭ 12 ⑮ 32 ⑯ 36 ⑰ 8 ⑱ 24 ⑲ 20 ⑳ 8 ㉑ 32 ㉒ 4 ㉓ 36 ㉔ 28 ㉕ 24 ㉖ 16 ㉗ 12

41p

① 8, 12 ② 16, 36 ③ 32, 20 ④ 24, 28 ⑤ 24 ⑥ 4 ⑦ 28 ⑧ 12 ⑨ 32 ⑩ 8 ⑪ 36 ⑫ 16 ⑬ 8 ⑭ 28 ⑮ 20 ⑯ 12

42p

① 16 ② 8 ③ 24 ④ 32 ⑤ 4 ⑥ 36 ⑦ 28 ⑧ 20 ⑨ 12 ⑩ 24 ⑪ 4 ⑫ 16 ⑬ 28 ⑭ 12 ⑮ 8 ⑯ 32 ⑰ 36 ⑱ 20 ⑲ 28 ⑳ 12 ㉑ 32 ㉒ 20 ㉓ 24 ㉔ 36 ㉕ 4 ㉖ 8 ㉗ 16

43p

① 32, 32 ② 6, 24, 24 ③ 4, 7, 28, 28

45p

① 10 ② 28 ③ 18 ④ 16 ⑤ 27 ⑥ 4 ⑦ 12 ⑧ 12 ⑨ 2 ⑩ 15 ⑪ 4 ⑫ 9 ⑬ 18 ⑭ 24 ⑮ 16 ⑯ 14 ⑰ 6 ⑱ 24 ⑲ 12 ⑳ 8 ㉑ 8 ㉒ 32 ㉓ 12 ㉔ 10 ㉕ 3 ㉖ 36 ㉗ 21

46p

2	8	14
3	12	21
4	16	28

6	15	24
4	10	16
8	20	32

12	24	36
9	18	27
6	12	18

47p

① 4 ② 15 ③ 8 ④ 24 ⑤ 14 ⑥ 36 ⑦ 4 ⑧ 9 ⑨ 32 ⑩ 6 ⑪ 24 ⑫ 2 ⑬ 28 ⑭ 12 ⑮ 6 ⑯ 20 ⑰ 18 ⑱ 12 ⑲ 16 ⑳ 27 ㉑ 8 ㉒ 18 ㉓ 3 ㉔ 12 ㉕ 16 ㉖ 21 ㉗ 10

53p

1	2	3	4	(5)	6	7	8	9	(10)
11	12	13	14	(15)	16	17	18	19	(20)
21	22	23	24	(25)	26	27	28	29	(30)
31	32	33	34	(35)	36	37	38	39	(40)
41	42	43	44	(45)	46	47	48	49	(50)
51	52	53	54	55	56	57	58	59	60
61	62	63	64	65	66	67	68	69	70
71	72	73	74	75	76	77	78	79	80
81	82	83	84	85	86	87	88	89	90

5	10	15	20	25	30	35	40	45

54p

① 5
② 15
③ 35
④ 40
⑤ 20
⑥ 45
⑦ 25
⑧ 30
⑨ 10
⑩ 20
⑪ 45
⑫ 10
⑬ 30
⑭ 5
⑮ 15
⑯ 40
⑰ 35
⑱ 25

55p

① 35, 20
② 15, 25
③ 5, 40
④ 45, 10
⑤ 25
⑥ 35
⑦ 15
⑧ 45
⑨ 30
⑩ 40

56p

① 15
② 40
③ 5
④ 35
⑤ 30
⑥ 10
⑦ 25
⑧ 45
⑨ 20
⑩ 5
⑪ 35
⑫ 25
⑬ 20
⑭ 15
⑮ 40
⑯ 45
⑰ 10
⑱ 30
⑲ 25
⑳ 10
㉑ 40
㉒ 5
㉓ 45
㉔ 35
㉕ 30
㉖ 20
㉗ 15

57p

① 35, 35
② 2, 10, 10
③ 5, 6, 30, 30

6단
곱셈구구

61p

1	2	3	4	5	(6)	7	8	9	10
11	(12)	13	14	15	16	17	(18)	19	20
21	22	23	(24)	25	26	27	28	29	(30)
31	32	33	34	35	(36)	37	38	39	40
41	(42)	43	44	45	46	47	(48)	49	50
51	52	53	(54)	55	56	57	58	59	(60)
61	62	63	64	65	66	67	68	69	70
71	72	73	74	75	76	77	78	79	80
81	82	83	84	85	86	87	88	89	90

6	12	18	24	30	36	42	48	54

62p

① 6
② 18
③ 42
④ 48
⑤ 24
⑥ 54
⑦ 30
⑧ 36
⑨ 12
⑩ 24
⑪ 54
⑫ 12
⑬ 36
⑭ 6
⑮ 18
⑯ 48
⑰ 42
⑱ 30

63p

① 42, 24
② 18, 30
③ 6, 48
④ 54, 12
⑤ 30
⑥ 42
⑦ 18
⑧ 54
⑨ 36
⑩ 48

64p

① 18
② 48
③ 6
④ 42
⑤ 36
⑥ 12
⑦ 30
⑧ 54
⑨ 24
⑩ 6
⑪ 42
⑫ 30
⑬ 24
⑭ 18
⑮ 48
⑯ 54
⑰ 12
⑱ 36
⑲ 30
⑳ 12
㉑ 48
㉒ 6
㉓ 54
㉔ 42
㉕ 36
㉖ 24
㉗ 18

65p

① 12,18
② 24,54
③ 48,30
④ 36,42
⑤ 36
⑥ 6
⑦ 42
⑧ 18
⑨ 48
⑩ 12
⑪ 54
⑫ 24
⑬ 12
⑭ 42
⑮ 30
⑯ 18

66p

① 24
② 12
③ 36
④ 48
⑤ 6
⑥ 54
⑦ 42
⑧ 30
⑨ 18
⑩ 36
⑪ 6
⑫ 24
⑬ 42
⑭ 18
⑮ 12
⑯ 48
⑰ 54
⑱ 30
⑲ 42
⑳ 18
㉑ 48
㉒ 30
㉓ 36
㉔ 54
㉕ 6
㉖ 12
㉗ 24

67p

① 6
30
② 18
42
③ 36
48
④ 24
54
⑤ 24
⑥ 42
⑦ 12
⑧ 54
⑨ 36
⑩ 48
⑪ 30
⑫ 6
⑬ 36
⑭ 18
⑮ 42
⑯ 54

68p

① 12
② 30
③ 48
④ 18
⑤ 42
⑥ 36
⑦ 6
⑧ 54
⑨ 24
⑩ 42
⑪ 18
⑫ 6
⑬ 24
⑭ 12
⑮ 54
⑯ 48
⑰ 30
⑱ 36
⑲ 54
⑳ 30
㉑ 12
㉒ 42
㉓ 24
㉔ 6
㉕ 18
㉖ 36
㉗ 48

69p

① 48,48
② 7,42,42
③ 6,4,24,24

73p

1	2	3	4	5	6	(7)	8	9	10
11	12	13	(14)	15	16	17	18	19	20
(21)	22	23	24	25	26	27	(28)	29	30
31	32	33	34	(35)	36	37	38	39	40
41	(42)	43	44	45	46	47	48	(49)	50
51	52	53	54	55	(56)	57	58	59	60
61	62	(63)	64	65	66	67	68	69	(70)
71	72	73	74	75	76	77	78	79	80
81	82	83	84	85	86	87	88	89	90

7	14	21	28	35	42	49	56	63

74p

① 7 ② 21 ③ 49 ④ 56 ⑤ 28 ⑥ 63 ⑦ 35 ⑧ 42 ⑨ 14
⑩ 28 ⑪ 63 ⑫ 14 ⑬ 42 ⑭ 7 ⑮ 21 ⑯ 56 ⑰ 49 ⑱ 35

75p

① 49, 28
② 21, 35
③ 7, 56
④ 63, 14
⑤ 35
⑥ 49
⑦ 21
⑧ 63
⑨ 42
⑩ 56

76p

① 21 ② 56 ③ 7 ④ 49 ⑤ 42 ⑥ 14 ⑦ 35 ⑧ 63 ⑨ 28
⑩ 7 ⑪ 49 ⑫ 35 ⑬ 28 ⑭ 21 ⑮ 56 ⑯ 63 ⑰ 14 ⑱ 42
⑲ 35 ⑳ 14 ㉑ 56 ㉒ 7 ㉓ 63 ㉔ 49 ㉕ 42 ㉖ 28 ㉗ 21

77p

① 14,21
② 28,63
③ 56,35
④ 42,49
⑤ 42
⑥ 7
⑦ 49
⑧ 21
⑨ 56
⑩ 14
⑪ 63
⑫ 28
⑬ 14
⑭ 49
⑮ 35
⑯ 21

78p

① 28 ② 14 ③ 42 ④ 56 ⑤ 7 ⑥ 63 ⑦ 49 ⑧ 35 ⑨ 21
⑩ 42 ⑪ 7 ⑫ 28 ⑬ 49 ⑭ 21 ⑮ 14 ⑯ 56 ⑰ 63 ⑱ 35
⑲ 49 ⑳ 21 ㉑ 56 ㉒ 35 ㉓ 42 ㉔ 63 ㉕ 7 ㉖ 14 ㉗ 28

79p

① 7
35
② 21
49
③ 42
56
④ 28
63

⑤ 28 ⑥ 49 ⑦ 14 ⑧ 63 ⑨ 42 ⑩ 56
⑪ 35 ⑫ 7 ⑬ 42 ⑭ 21 ⑮ 49 ⑯ 63

80p

① 14 ② 35 ③ 56 ④ 21 ⑤ 49 ⑥ 42 ⑦ 7 ⑧ 63 ⑨ 28
⑩ 49 ⑪ 21 ⑫ 7 ⑬ 28 ⑭ 14 ⑮ 63 ⑯ 56 ⑰ 35 ⑱ 42
⑲ 63 ⑳ 35 ㉑ 14 ㉒ 49 ㉓ 28 ㉔ 7 ㉕ 21 ㉖ 42 ㉗ 56

81p

① 56,56
② 6,42,42
③ 7,4,28,28

83p

① 25 ② 49 ③ 36 ④ 40 ⑤ 54 ⑥ 10 ⑦ 24 ⑧ 21 ⑨ 5
⑩ 30 ⑪ 7 ⑫ 18 ⑬ 45 ⑭ 48 ⑮ 28 ⑯ 35 ⑰ 12 ⑱ 42
⑲ 30 ⑳ 14 ㉑ 20 ㉒ 56 ㉓ 21 ㉔ 25 ㉕ 6 ㉖ 63 ㉗ 42

84p

5	20	35
6	24	42
7	28	49

12	30	48
10	25	40
14	35	56

21	42	63
18	36	54
15	30	45

85p

① 7 ② 30 ③ 20 ④ 42 ⑤ 35 ⑥ 63 ⑦ 10 ⑧ 18 ⑨ 56
⑩ 15 ⑪ 48 ⑫ 5 ⑬ 49 ⑭ 30 ⑮ 12 ⑯ 35 ⑰ 45 ⑱ 24
⑲ 28 ⑳ 54 ㉑ 14 ㉒ 36 ㉓ 6 ㉔ 21 ㉕ 40 ㉖ 42 ㉗ 25

8단 곱셈구구

91p

1	2	3	4	5	6	7	8	9	10
11	12	13	14	15	16	17	18	19	20
21	22	23	24	25	26	27	28	29	30
31	32	33	34	35	36	37	38	39	40
41	42	43	44	45	46	47	48	49	50
51	52	53	54	55	56	57	58	59	60
61	62	63	64	65	66	67	68	69	70
71	72	73	74	75	76	77	78	79	80
81	82	83	84	85	86	87	88	89	90

8 16 24 32 40 48 56 64 72

92p

① 8 ⑩ 32
② 24 ⑪ 72
③ 56 ⑫ 16
④ 64 ⑬ 48
⑤ 32 ⑭ 8
⑥ 72 ⑮ 24
⑦ 40 ⑯ 64
⑧ 48 ⑰ 56
⑨ 16 ⑱ 40

93p

① 56,32
② 24,40
③ 8,64
④ 72,16
⑤ 40
⑥ 56
⑦ 24
⑧ 72
⑨ 48
⑩ 64

94p

① 24 ⑩ 8 ⑲ 40
② 64 ⑪ 56 ⑳ 16
③ 8 ⑫ 40 ㉑ 64
④ 56 ⑬ 32 ㉒ 8
⑤ 48 ⑭ 24 ㉓ 72
⑥ 16 ⑮ 64 ㉔ 56
⑦ 40 ⑯ 72 ㉕ 48
⑧ 72 ⑰ 16 ㉖ 32
⑨ 32 ⑱ 48 ㉗ 24

95p

① 16,24
② 32,72
③ 64,40
④ 48,56
⑤ 48
⑥ 8
⑦ 56
⑧ 24
⑨ 64
⑩ 16
⑪ 72
⑫ 32
⑬ 16
⑭ 56
⑮ 40
⑯ 24

96p

① 32 ⑩ 48 ⑲ 56
② 16 ⑪ 8 ⑳ 24
③ 48 ⑫ 32 ㉑ 64
④ 64 ⑬ 56 ㉒ 40
⑤ 8 ⑭ 24 ㉓ 48
⑥ 72 ⑮ 16 ㉔ 72
⑦ 56 ⑯ 64 ㉕ 8
⑧ 40 ⑰ 72 ㉖ 16
⑨ 24 ⑱ 40 ㉗ 32

97p

① 8 ⑤ 32 ⑪ 40
40 ⑥ 56 ⑫ 8
② 24 ⑦ 16 ⑬ 48
56 ⑧ 72 ⑭ 24
③ 48 ⑨ 48 ⑮ 56
64 ⑩ 64 ⑯ 72
④ 32
72

98p

① 16 ⑩ 56 ⑲ 72
② 40 ⑪ 24 ⑳ 40
③ 64 ⑫ 8 ㉑ 16
④ 24 ⑬ 32 ㉒ 56
⑤ 56 ⑭ 16 ㉓ 32
⑥ 48 ⑮ 72 ㉔ 8
⑦ 8 ⑯ 64 ㉕ 24
⑧ 72 ⑰ 40 ㉖ 48
⑨ 32 ⑱ 48 ㉗ 64

99p

① 56,56
② 9,72,72
③ 8,6,48,48

9단 곱셈구구

104p

① 9 ⑩ 36
② 27 ⑪ 81
③ 63 ⑫ 18
④ 72 ⑬ 54
⑤ 36 ⑭ 9
⑥ 81 ⑮ 27
⑦ 45 ⑯ 72
⑧ 54 ⑰ 63
⑨ 18 ⑱ 45

105p

① 63, 36
② 27, 45
③ 9, 72
④ 81, 18
⑤ 45
⑥ 63
⑦ 27
⑧ 81
⑨ 54
⑩ 72

106p

① 27 ⑩ 9 ⑲ 45
② 72 ⑪ 63 ⑳ 18
③ 9 ⑫ 45 ㉑ 72
④ 63 ⑬ 36 ㉒ 9
⑤ 54 ⑭ 27 ㉓ 81
⑥ 18 ⑮ 72 ㉔ 63
⑦ 45 ⑯ 81 ㉕ 54
⑧ 81 ⑰ 18 ㉖ 36
⑨ 36 ⑱ 54 ㉗ 27

107p

① 18,27
② 36,81
③ 72,45
④ 54,63
⑤ 54
⑥ 9
⑦ 63
⑧ 27
⑨ 72
⑩ 18
⑪ 81
⑫ 36
⑬ 18
⑭ 63
⑮ 45
⑯ 27

108p

① 36 ⑩ 54 ⑲ 63
② 18 ⑪ 9 ⑳ 27
③ 54 ⑫ 36 ㉑ 72
④ 72 ⑬ 63 ㉒ 45
⑤ 9 ⑭ 27 ㉓ 54
⑥ 81 ⑮ 18 ㉔ 81
⑦ 63 ⑯ 72 ㉕ 9
⑧ 45 ⑰ 81 ㉖ 18
⑨ 27 ⑱ 45 ㉗ 36

109p

① 63,63
② 6,54,54
③ 9,8,72,72

110p

32	48	64
36	54	72

9	63	81
8	56	72

111p

① 40 ② 63 ③ 54 ④ 64 ⑤ 72 ⑥ 16 ⑦ 36 ⑧ 27 ⑨ 8
⑩ 45 ⑪ 9 ⑫ 27 ⑬ 72 ⑭ 64 ⑮ 36 ⑯ 56 ⑰ 16 ⑱ 54
⑲ 48 ⑳ 18 ㉑ 32 ㉒ 72 ㉓ 27 ㉔ 40 ㉕ 9 ㉖ 81 ㉗ 56

112p

8	48	72
9	54	81

27	45	63
24	40	56

18	36	72
16	32	64

48	64	56
54	72	63

① 54 ② 40 ③ 36 ④ 24 ⑤ 63 ⑥ 48 ⑦ 18 ⑧ 72 ⑨ 72

5장 곱셈구구 다지기

118p

① 2,4,8, 4,2,8, 8
② 8×3=24, 3×8=24, 24
③ 4×5=20, 5×4=20, 20
④ 3×3=9, 9
⑤ 5×9=45, 9×5=45, 45

119p

① 3 × 4 = 12 칸

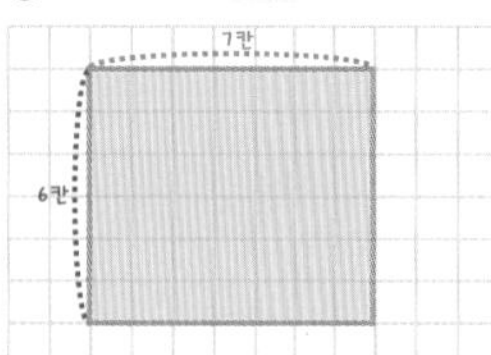

② 6 × 7 = 42 칸

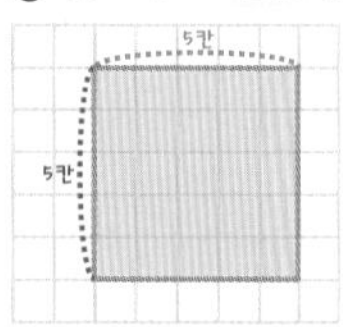

③ 5 × 5 = 25 칸

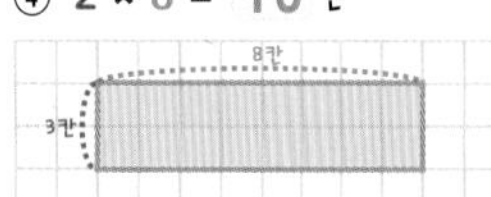

④ 2 × 8 = 16 칸

⑤ 8 × 2 = 16 칸

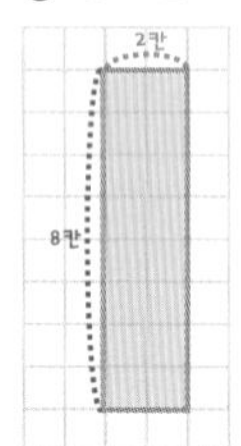

121p

①

12	27
15	21

②

48	36
6	24

③

16	40
24	72

④ 72 / 18 27 / 54

⑤ 28 / 20 36 / 12

⑥ 14 / 42 56 / 63

122p

① 2 ② 9 ③ 35 ④ 64 ⑤ 36 ⑥ 63 ⑦ 30 ⑧ 48 ⑨ 8
⑩ 24 ⑪ 36 ⑫ 10 ⑬ 18 ⑭ 9 ⑮ 3 ⑯ 64 ⑰ 63 ⑱ 35
⑲ 42 ⑳ 18 ㉑ 28 ㉒ 48 ㉓ 15 ㉔ 40 ㉕ 24 ㉖ 72 ㉗ 28

123p

① 4 ② 5 ③ 3 ④ 7 ⑤ 4
⑥ 6 ⑦ 6 ⑧ 6 ⑨ 7 ⑩ 7

124p

① 4 ② 6 ③ 7 ④ 5 ⑤ 3 ⑥ 8
⑦ 9 ⑧ 5 ⑨ 8 ⑩ 9 ⑪ 7 ⑫ 6

126p

0
0
0
0
0
0
0
0
0

127p

10
20
30
40
50
60
70
80
90

128p

11
22
33
44
55
66
77
88
99

129p

① 0 ② 0 ③ 0 ④ 0 ⑤ 0 ⑥ 0 ⑦ 0 ⑧ 0 ⑨ 0
⑩ 10 ⑪ 70 ⑫ 50 ⑬ 20 ⑭ 90 ⑮ 80 ⑯ 30 ⑰ 60 ⑱ 40
⑲ 33 ⑳ 77 ㉑ 44 ㉒ 66 ㉓ 11 ㉔ 88 ㉕ 22 ㉖ 55 ㉗ 99

130p ~ 131p

① 5,10,10
② 7, 21, 21
③ 4, 6, 24, 24
④ 9, 5, 45, 45
⑤ 6, 7, 42, 42
⑥ 7, 2, 14, 14
⑦ 8, 4, 32, 32
⑧ 9, 8, 72, 72

132p

1	2	3	4	5	6	7	8	9
2	4	6	8	10	12	14	16	18
3	6	9	12	15	18	21	24	27
4	8	12	16	20	24	28	32	36
5	10	15	20	25	30	35	40	45
6	12	18	24	30	36	42	48	54
7	14	21	28	35	42	49	56	63
8	16	24	32	40	48	56	64	72
9	18	27	36	45	54	63	72	81

133p

2	4	6	8	10	12	14	16	18
9	18	27	36	45	54	63	72	81
1	2	3	4	5	6	7	8	9
7	14	21	28	35	42	49	56	63
3	6	9	12	15	18	21	24	27
8	16	24	32	40	48	56	64	72
5	10	15	20	25	30	35	40	45
6	12	18	24	30	36	42	48	54
4	8	12	16	20	24	28	32	36

134p

6	3	24	12	27	18	9	21	15
14	7	56	28	63	42	21	49	35
4	2	16	8	18	12	6	14	10
18	9	72	36	81	54	27	63	45
2	1	8	4	9	6	3	7	5
10	5	40	20	45	30	15	35	25
16	8	64	32	72	48	24	56	40
12	6	48	24	54	36	18	42	30
8	4	32	16	36	24	12	28	20

135p

1	2	3	4	5	6	7	8	9
2	4	6	8	10	12	14	16	18
3	6	9	12	15	18	21	24	27
4	8	12	16	20	24	28	32	36
5	10	15	20	25	30	35	40	45
6	12	18	24	30	36	42	48	54
7	14	21	28	35	42	49	56	63
8	16	24	32	40	48	56	64	72
9	18	27	36	45	54	63	72	81

수고하셨습니다 !

하루10분 구구단 따라쓰기

2단	3단	4단	5단
2 × 1 = 2	3 × 1 = 3	4 × 1 = 4	5 × 1 = 5
2 × 2 = 4	3 × 2 = 6	4 × 2 = 8	5 × 2 = 10
2 × 3 = 6	3 × 3 = 9	4 × 3 = 12	5 × 3 = 15
2 × 4 = 8	3 × 4 = 12	4 × 4 = 16	5 × 4 = 20
2 × 5 = 10	3 × 5 = 15	4 × 5 = 20	5 × 5 = 25
2 × 6 = 12	3 × 6 = 18	4 × 6 = 24	5 × 6 = 30
2 × 7 = 14	3 × 7 = 21	4 × 7 = 28	5 × 7 = 35
2 × 8 = 16	3 × 8 = 24	4 × 8 = 32	5 × 8 = 40
2 × 9 = 18	3 × 9 = 27	4 × 9 = 36	5 × 9 = 45

6단	7단	8단	9단
6 × 1 = 6	7 × 1 = 7	8 × 1 = 8	9 × 1 = 9
6 × 2 = 12	7 × 2 = 14	8 × 2 = 16	9 × 2 = 18
6 × 3 = 18	7 × 3 = 21	8 × 3 = 24	9 × 3 = 27
6 × 4 = 24	7 × 4 = 28	8 × 4 = 32	9 × 4 = 36
6 × 5 = 30	7 × 5 = 35	8 × 5 = 40	9 × 5 = 45
6 × 6 = 36	7 × 6 = 42	8 × 6 = 48	9 × 6 = 54
6 × 7 = 42	7 × 7 = 49	8 × 7 = 56	9 × 7 = 63
6 × 8 = 48	7 × 8 = 56	8 × 8 = 64	9 × 8 = 72
6 × 9 = 54	7 × 9 = 63	8 × 9 = 72	9 × 9 = 81

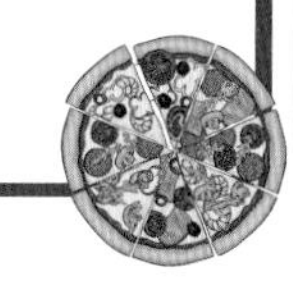

곱셈구구 카드놀이

※ 꼭 어른에게 가위나 칼로 잘라 달라고 합니다.
※ 정답은 오른쪽 하단에 거꾸로 적혀 있습니다.

1 × 1 (1)	2 × 1 (2)	3 × 1 (3)	4 × 1 (4)	5 × 1 (5)
1 × 2 (2)	2 × 2 (4)	3 × 2 (6)	4 × 2 (8)	5 × 2 (10)
1 × 3 (3)	2 × 3 (6)	3 × 3 (9)	4 × 3 (12)	5 × 3 (15)
1 × 4 (4)	2 × 4 (8)	3 × 4 (12)	4 × 4 (16)	5 × 4 (20)
1 × 5 (5)	2 × 5 (10)	3 × 5 (15)	4 × 5 (20)	5 × 5 (25)
1 × 6 (6)	2 × 6 (12)	3 × 6 (18)	4 × 6 (24)	5 × 6 (30)
1 × 7 (7)	2 × 7 (14)	3 × 7 (21)	4 × 7 (28)	5 × 7 (35)
1 × 8 (8)	2 × 8 (16)	3 × 8 (24)	4 × 8 (32)	5 × 8 (40)
1 × 9 (9)	2 × 9 (18)	3 × 9 (27)	4 × 9 (36)	5 × 9 (45)

※ 꼭 어른에게 가위나 칼로 잘라 달라고 합니다.
※ 정답은 오른쪽 하단에 거꾸로 적혀 있습니다.

6×1 (6)	7×1 (7)	8×1 (8)	9×1 (9)	10×1 (10)
6×2 (12)	7×2 (14)	8×2 (16)	9×2 (18)	10×2 (20)
6×3 (18)	7×3 (21)	8×3 (24)	9×3 (27)	10×3 (30)
6×4 (24)	7×4 (28)	8×4 (32)	9×4 (36)	10×4 (40)
6×5 (30)	7×5 (35)	8×5 (40)	9×5 (45)	10×5 (50)
6×6 (36)	7×6 (42)	8×6 (48)	9×6 (54)	10×6 (60)
6×7 (42)	7×7 (49)	8×7 (56)	9×7 (63)	10×7 (70)
6×8 (48)	7×8 (56)	8×8 (64)	9×8 (72)	10×8 (80)
6×9 (54)	7×9 (63)	8×9 (72)	9×9 (81)	10×9 (90)

하루10분 구구단 따라쓰기

2단

2 × 1 = 2
2 × 2 = 4
2 × 3 = 6
2 × 4 = 8
2 × 5 = 10
2 × 6 = 12
2 × 7 = 14
2 × 8 = 16
2 × 9 = 18

3단

3 × 1 = 3
3 × 2 = 6
3 × 3 = 9
3 × 4 = 12
3 × 5 = 15
3 × 6 = 18
3 × 7 = 21
3 × 8 = 24
3 × 9 = 27

4단

4 × 1 = 4
4 × 2 = 8
4 × 3 = 12
4 × 4 = 16
4 × 5 = 20
4 × 6 = 24
4 × 7 = 28
4 × 8 = 32
4 × 9 = 36

5단

5 × 1 = 5
5 × 2 = 10
5 × 3 = 15
5 × 4 = 20
5 × 5 = 25
5 × 6 = 30
5 × 7 = 35
5 × 8 = 40
5 × 9 = 45

6단

6 × 1 = 6
6 × 2 = 12
6 × 3 = 18
6 × 4 = 24
6 × 5 = 30
6 × 6 = 36
6 × 7 = 42
6 × 8 = 48
6 × 9 = 54

7단

7 × 1 = 7
7 × 2 = 14
7 × 3 = 21
7 × 4 = 28
7 × 5 = 35
7 × 6 = 42
7 × 7 = 49
7 × 8 = 56
7 × 9 = 63

8단

8 × 1 = 8
8 × 2 = 16
8 × 3 = 24
8 × 4 = 32
8 × 5 = 40
8 × 6 = 48
8 × 7 = 56
8 × 8 = 64
8 × 9 = 72

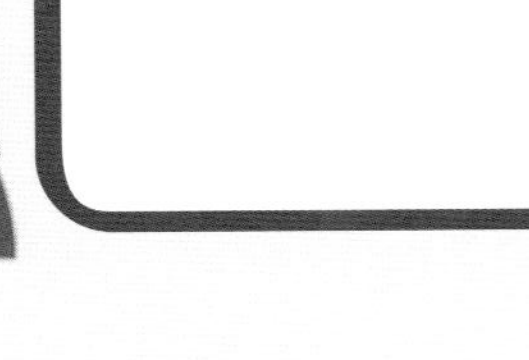

9단

9 × 1 = 9
9 × 2 = 18
9 × 3 = 27
9 × 4 = 36
9 × 5 = 45
9 × 6 = 54
9 × 7 = 63
9 × 8 = 72
9 × 9 = 81

OPEN BOOK